农机使用与维修

王兴旺　李国库　路耀明　主编

U0306893

中国农业科学技术出版社

图书在版编目（CIP）数据

农机使用与维修／王兴旺，李国库，路耀明主编. —北京：中国农业科学技术出版社，2020. 4

ISBN 978-7-5116-4654-5

Ⅰ.①农… Ⅱ.①王…②李…③路… Ⅲ.①农业机械–使用方法–教材②农业机械–机械维修–教材 Ⅳ.①S220. 7

中国版本图书馆 CIP 数据核字（2020）第 047383 号

责任编辑	白姗姗
责任校对	李向荣

出 版 者	中国农业科学技术出版社
	北京市中关村南大街 12 号　邮编：100081
电　　话	（010）82106638（编辑室）　（010）82109702（发行部）
	（010）82109709（读者服务部）
传　　真	（010）82106650
网　　址	http://www.castp.cn
经 销 者	各地新华书店
印 刷 者	北京富泰印刷有限责任公司
开　　本	850mm×1 168mm　1/32
印　　张	5. 625
字　　数	156 千字
版　　次	2020 年 4 月第 1 版　2020 年 4 月第 1 次印刷
定　　价	39. 80 元

《农机使用与维修》

编 委 会

主　编：王兴旺　　李国库　　路耀明

副主编：陈香琳　　张小平　　郑　欣　　张　迎
　　　　熊国平　　辛少庆　　宫　翔　　魏乃灵
　　　　孙　琳　　王丽莉　　吴绍丽　　李恩明
　　　　杨盈欢　　杨砚清　　杨国海　　杨世忠
　　　　闫启君　　明　武　　刘　群　　郑　欣
　　　　张　迎　　夏　涛　　郭兰庆　　刘书明
　　　　张玉全　　侯振兴　　邱炎根

编　委：周志强　　朱江涛　　卢军岭

前　言

　　农业机械是农业生产重要的生产资料，是提高劳动生产率和粮食产量的重要手段。随着农业的发展，广大农民对农业机械的需求在不断增加，因此，农民迫切需要在使用和维修农业机械方面予以指导。本书编写的目的就是为指导农民如何使用和维修这些农业机械，使之能产生良好的经济效益，在农业生产中能充分发挥作用。

　　本书包括农用无人机使用与维修、拖拉机使用与维修、耕整地机械使用与维修、播种机械使用与维修、温室大棚机械使用与维修、中耕机械使用与维修、植保机械和排灌机械使用与维修、收获机械使用与维修、农副产品加工机械使用与维修等内容。

编　者

2019 年 12 月

目　录

第一章　农用无人机使用与维修

第一节　无人机的用途与发展趋势

一、无人机用途

（一）无人机航拍/航摄

无人机航拍/航摄系统是一种高度智能化、稳定可靠、作业能力强的低空遥感系统。该系统具有以无人机为飞行平台，利用高分辨率相机系统获取遥感影像，利用空中和地面控制系统实现自动拍摄、获取影像、航迹规划和监控、信息数据压缩以及自动传输、影像预处理等功能。

无人机航拍/航摄系统通常包括飞行平台、数据获取系统、地面监控系统和配套作业软件（航线设计软件、航拍/航摄影像质量检查软件、影像处理软件等）。目前，固定翼无人机航拍/航摄技术最为成熟，市场应用最为广泛。

无人机航拍/航摄系统有许多优势。例如，与卫星遥感相比，无人机航高较低（航高是指飞行过程中距地球上某一基准面的垂直距离），可在云下飞行作业，因此对天气的要求相对较低，并且所拍影像清晰度高、实时性好、自主性强、分辨率高；和普通有人机航拍/航摄相比，无人机航拍操作更加方便，起飞降落受场地限制较小，易于转场，且能够到达人无法涉足的危险区。

目前，无人机航拍/航摄技术已在多个领域得到应用，如国土资源管理、气象勘探、测绘与监测筹。

（二）无人机农药喷洒

病虫害对粮食作物产量影响巨大。喷洒农药是目前病虫害防治的重要措施之一，也是田间工作最累、最危险的工作。全国每年因使用农药中毒人数高达数万人。利用无人机进行农药喷洒有许多优点，例如，人体基本无须直接接触农药，这就减少了农药对农户的化学伤害，由于是空中喷洒，也减少了对粮食作物的机械损伤；喷洒农药时，无人机进行的是超低空飞行，这就回避了严格的空中管制；可适用于多种地理条件，一般农用无人机（直升机）的起飞、降落最小只需要 2~3 平方米的面积，在一般的田间都能完成起降；无人机采用 GPS 定位和自主飞行控制，随着技术的成熟，准确性日益提高，从而保证了喷洒作业的精度和安全性；利用无人机进行农药喷洒，其效率明显高于其他作业形式。

（三）无人机电力巡线

电力线路巡视是电力系统重要的日常维护工作之一。随着电力系统对稳定性和可靠性的要求越来越高，常用的人工巡视已经不能满足目前的工作需要。在人工巡视工作中，工人劳动强度大，效率低；而且巡视结果很大程度上依赖于工人的主观感受，很有可能误判漏判，也难以复查；另外，部分地区因巡视人员无法靠近，根本无法开展巡视工作。为克服上述困难，欧美等国开始尝试利用直升机进行巡线、带电作业和线路施工等工作。随着无人机技术的发展，其在重量、体积、机动性、费用、安全性等方面的优势都比通用直升机更明显，因此，利用无人机进行巡线，逐步成为电力行业的研究热点。

电力线路巡视主要分为正常巡视、故障巡视和特殊巡视三类。正常巡视主要是对线路本体（包括杆塔、接地装置、绝缘子、线缆等）、附属设施（包括防雷、防鸟、防冰、防雾装置，各类监测装置，标识警示设施等）以及通道环境的周期性检查。故障巡视是在线路发生故障后进行检查，巡视范围可能是故障区域，也可能是完整输电线路。特殊巡视是在气候剧烈变化、自然灾害、外力影响、异常运行以及对电网安全稳定运行有特殊要求时进行检查。在具备无人机巡视条件时，正常巡视一般可以采用无人机等空中巡视方式，部分从空中无法观察的设备（如杆塔基础、接地装置等）需采用人工巡视方式。故障巡视时，视故障类型和紧急程度，可采用无人机等空中巡视方式，或者采用无人机辅助的人工巡视方式。特殊巡视时，在因气候剧烈变化、自然灾害、外力影响等原因造成人员无法进入巡视区域的情况下，可优先采用无人机等空中巡视方式，其他情况同正常巡视。

二、未来无人机的发展趋势

1. 同步发展多种型号

在无人机研制方面，既要注重研制试验验证机和概念机，因其具有重要战略意义，又要研制能够应用在实战中的战术无人机。保证多种型号同步发展，同时满足现实利益和未来的战略利益。

2. 开发新的设计理念

随着新材料的开发，新的复合材料将被应用在新型无人机中。同时还将进一步提高雷达隐身技术，并将隐身与超高效气动布局融合起来，以进一步提高隐身能力、飞行高度、战术性能、续航时间等性能。

3. 注重多功能和一机多用

随着任务需求越来越复杂多变，单一性能的机型已经难以满足需求，因此在研发时要充分考虑其多项功能，实现一机多用。

总的来看，隐身化、智能化和多功能一体化等都是无人机发展的基本趋势。

第二节　无人机结构

通常情况下，把机身、机翼、尾翼、起落架等构成飞机外部形状的部分合称为机体，它们的尺寸及位置变化影响着无人机的使用性能及运行效率。

到目前为止，大多数无人机都由机翼、机身、尾翼、起落装置和动力装置 5 个主要部分组成。

（一）机翼

机翼的主要功用是产生升力，升力用来支持飞机在空中飞行，同时机翼也起到一定的稳定和操控作用。在机翼上一般安装有副翼和襟翼，操纵副翼可使飞机滚转和转弯。另外，机翼上还可以设计安装发动机、起落架和油箱等。

（二）机身

机身的主要功用是装载各种设备，并将飞机的其他部件（如机翼、尾翼及发动机等）连接成一个整体。

（1）机身的基本要求。机身一方面是固定机翼和尾翼的基础；另一方面要装备动力装置、设备、起落架以及燃料等。对机身的一般要求如下。

①气动方面。从气动观点看，机身只产生阻力，不产生升力。因此，尽量减小尺寸，且外形为流线型。

②结构方面。要有良好的强度、刚度。

③使用方面。机身要有足够的可用容积放置设备、电池、舵机和油箱等，还要便于维修。

④经济性好。

（2）机身的受力。从受力的角度看，机身可以看成是两端自由、中间支撑在机翼上的梁。作用在机身上的外载荷既有分布载荷又有集中载荷，而以集中载荷为主。总体来看，机身所承受的力可分为两个方面：一是与飞机对称面平行的力，二是与飞机对称面垂直的力，共包括垂直弯曲、水平弯曲和扭转 3 种载荷。

（三）尾翼

尾翼的作用是操纵无人机俯仰和偏转运动，保证无人机能平稳飞行。

尾翼包括水平尾翼和垂直尾翼。水平尾翼由水平安定面和升降舵组成，通常情况下水平安定面是固定的，升降舵是可动的。有的高速飞机将水平安定面和升降舵合为一体成为全动平尾。垂直尾翼包括固定的垂直安定面和可动的方向舵。

无人机的尾翼主要承受气动载荷，一般由水平尾翼和垂直尾翼组成。尾翼和舵面等的基本构造形式与机翼类似，在此不再重复。

尾翼的形状也是多种多样的，选择什么样的尾翼形状，首先要考虑的是能获得最大效能的空气动力，并在保证强度的前提下，尽量使结构简单、质量轻。

（四）起落装置

起落装置的作用是起飞、着陆滑跑、地面滑行和停放时用来支撑飞机。无人机的起落架大都由减震支柱和机轮组成。

起落架的主要作用是承受着陆与滑行时产生的能量，使飞机能在地面跑道上运动，便于起飞、着陆时的滑跑。

无人机在地面停机位置时，通常有 3 个支点。按不同的支点位置分布，起落架可分为前三点式和后三点式。这两种形式的起落架主要区别在于飞机重心的位置。选用前三点式起落架，飞机的重心处于主轮前、前轮后；选用后三点式起落架，飞机的重心则处于主轮之后，尾轮之前。

对于起落架，应满足如下基本要求。

一是确保无人机能在地面自由移动。

二是有足够的强度。

三是飞行时阻力最小。

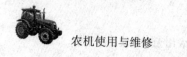

四是起落架在地面运动时要有足够的稳定性与操纵性。

五是在飞机着陆和机轮撞击时，起落架能吸收一部分能量。

六是工作安全可靠。

（五）动力装置

动力装置的主要作用是产生拉力和推力，使无人机前进。现在无人机动力装置应用较广泛的有：航空活塞式发动机加螺旋桨推进器、涡轮喷气发动机、涡轮螺旋桨发动机、涡轮风扇发动机及电动机。除发动机本身外，动力装置还包括一系列保证发动机正常工作的系统。

除这五个主要部分外，根据无人机操控和执行任务的需要，还装有各种通信设备、导航设备、安全设备等其他设备。

第三节　无人机系统

无人机系统，也称无人驾驶航空器系统，是由无人机、遥控站、指令与控制数据链以及批准的型号设计规定的任何其他部件组成的完整系统。

通常无人机系统由无人机平台、任务载荷、数据链、指挥控制、发射与回收、保障与维修等分系统组成。各分系统的组成和功能如下。

（一）无人机平台分系统

无人机平台分系统是执行任务的载体，它携带任务载荷，飞行至目标区域完成要求的任务。无人机平台包括机体、动力装置、飞行控制子系统与导航子系统等。

（二）任务载荷分系统

任务载荷分系统是装载在无人机平台上，用来完成要求的航拍航摄、信息支援、信息对抗、火力打击等任务的系统。

（三）数据链分系统

数据链分系统通过上行信道，实现对无人机的遥控；通过下行信道，完成对无人机飞行状态参数的遥测，并传回任务信息。

数据链分系统通常包括无线电遥控/遥测设备、信息传输设备、中继转发设备等。

（四）指挥控制分系统

指挥控制分系统的作用是完成指挥、作战计划制订、任务数据加载、无人机地面和空中工作状态监视和操纵控制，以及飞行参数、态势和任务数据记录等任务。

指挥控制分系统通常包括飞行操纵设备、综合显示设备、飞行航迹与态势显示设备、任务规划设备、记录与回放设备、情报处理与通信设备、与其他任务载荷信息的接口等。

（五）发射与回收分系统

发射与回收分系统的作用是完成无人机的发射（起飞）和回收（着陆）任务。

发射与回收分系统主要包括与发射（起飞）和回收（着陆）有关的设备或装置，如发射车、发射箱、弹射装置、助推器、起落架、回收伞、拦阻网等。

（六）保障与维修分系统

保障与维修分系统主要完成无人机系统的日常维护，以及无人机的状态测试和维修等任务，包括基层级保障维修设备、基地级保障维修设备等。

第四节　无人机动力装置

目前，在无人机上广泛使用的发动机主要有三种：一是活塞式发动机，包括往复式活塞发动机；二是燃气涡轮发动机，包括涡轮喷气发动机、涡轮风扇发动机、涡轮螺旋桨发动机和涡轮轴发动机；三是电池驱动的电动机（在微型无人机中普遍采用电动机）。

一、活塞发动机

往复式活塞发动机是一种内燃机，由汽缸、活塞、连杆、曲轴、机匣和汽化器等组成。它的工作原理是燃料与空气的混合气在汽缸内爆燃，产生的高温高压气体对活塞做功，推动活塞运动，并通过连杆带动曲轴转动，将活塞的往复直线运动转换为曲轴的旋转运动。曲轴的转动带动螺旋桨旋转，驱动无人机飞行。整个工作过程包括吸气、压缩、做功和排气 4 个环节，不断循环往复地进行，使发动机连续运转。

往复式活塞发动机分为二冲程和四冲程两种。二冲程发动机是指在一个工作循环中，活塞由下止点运动到上止点，再从上止点运动到下止点完成一次；四冲程发动机是指一个工作循环中，活塞由下止点运动到上止点，再从上止点运动到下止点完成两次。

二、直流无刷电动机

直流无刷电动机一般包括三部分，即电子换相电路、转子位置检测电路和电动机本体。电子换相电路一般包括控制部分和驱动部分，转子位置的检测一般用位置传感器来完成。工作时，根据位置传感器测得的电动机转子位置，控制器有序地触发驱动电路中的功率管，实现有序换流，从而驱动直流电动机。

通常动力设备使用的都是有刷电动机，但在控制要求比较高、转速比较高的设备上通常使用无刷电动机。如无人机、精密仪器仪表等，需要对电动机转速进行严格控制，通常使用无刷电动机。

结构上，无刷电动机有转子和定子，转子是永磁磁钢，连同外壳一起和输出轴相连，定子是绕阻线圈，去掉了有刷电动机的换向电刷（用来交替变换电磁场用），故称为无刷电动机。

无刷电动机输入的是直流电，依靠改变输入到定子线圈上的电流波交变频率和波形，在绕阻线圈周围形成一个绕电动机几何轴心旋转的磁场，这个磁场驱动转子上的永磁磁钢转动，电动机就转起来了。电动机的性能和磁钢数量、磁钢磁通强度、电动机输入电压大小以及其控制性能等因素有关。

第五节　飞行前准备

无人机在飞行前必须完成大量与任务相关的准备工作，以确保起飞顺利进行以及任务的顺利完成，这些是无人机操控师需要掌握的基本技能。飞行前准备包括信息准备、飞行前检测和航线准备三个阶段。这里仅对常用典型设备及场景进行介绍，其他情况可借鉴执行。

一、信息准备

（一）起飞场地的选取

（1）起飞场地的要求。对于无人驾驶固定翼飞机，起飞跑道（起飞场地）是必不可少的。选取能满足无人机起飞要求的跑道是非常重要的。主要考虑5个方面：起飞跑道的朝向、长度、宽度、平整度及周围障碍物。不同种类和型号的飞机对这5个方面的要求也不同。例如，重型固定翼飞机抗风性能强，要求起飞跑道的朝向不一定是正风，但是要求起飞跑道较长；大型无人机由于本身体积因素，要求起飞跑道更宽。当然，对于所有固定翼飞机要求起飞跑道尽量平整、起飞跑道尽头不得有障碍物，跑道两侧尽量不要有高大建筑物或树木。

（2）起飞场地实地勘察与选取。根据不同飞机对起飞场地的要求，有目的地进行实地勘察。当某一处场地的起飞跑道不能满足要求时，应在附近再次勘察。实在没有找到符合要求的场地时，应向上一级工程师报告，等待进一步的指导。

（3）起飞场地清整。起飞场地清整内容包括起飞跑道上较大石块、树枝及杂物的清除，用铁锹铲土填平跑道上的坑洼。用石灰粉、画线工具在地上画起跑线和跑道宽度线，适合该机

型起飞的跑道宽度。

（二）气象情报的收集

气象是指发生在天空中的风、云、雨、雪、霜、露、闪电、打雷等一切大气的物理现象，每种现象都会对飞行产生一定影响。其中，风对飞行的影响最大，其次是温度、能见度和湿度。

二、飞行前检查

为了保障无人机的飞行安全，在飞行前必须进行严格的检测，主要包括动力系统检测与调整、机械系统检测、电子系统检测和机体检查。具体内容如下。

（一）动力系统检测与调整

（1）燃料的选择与加注。两冲程活塞发动机有酒精燃料和汽油燃料之分。酒精燃料主要包括无水甲醇、硝基甲烷和蓖麻油，比例为3∶1∶1；汽油燃料一般为93号（92号）汽油。加注时，首先准备一个手动或电动油泵及其电源，将油泵的吸油口硅胶管与储油罐连接，油泵的出油口硅胶管与飞机油箱连接。手动或电动加注相应的燃料。根据上级布置飞行任务的时间及载重情况，决定加注燃料的多少。

（2）发动机的启动与调整。目前常用到的活塞发动机有两种：甲醇燃料发动机和汽油燃料发动机。其启动过程比较复杂，但它们在启动过程中对油门和风门的调整原理相似。发动机主油门针、怠速油门针和风门的调整对发动功率、耗油量、寿命、噪声都有影响。

（二）无人机机械系统检测

（1）舵机与舵面系统的检测。舵机是一种位置伺服驱动器。它接收一定的控制信号，输出一定的角度，适用于那些需要角度不断变化并可以保持的控制系统。在微机电系统和航模中，它是一个基本的输出执行机构。舵机由直流电动机、减速齿轮组、传感器和控制电路组成，是一套自动控制装置。所谓自动控制就是用一个闭环反馈控回路不断校正输出的偏差，使系统的输出保持恒定。舵机主要的性能指标有扭矩、转度和转速。扭矩由齿轮组和电动机所决定，在 5 伏（4.8~6 伏）的电压下，标准舵机扭力是 5.5 千克/厘米。舵机标准转度是 60°。转速是指从 0°~60°的时间，一般为 0.2 秒。

舵机检测内容主要包括以下几种。

①舵机摆动角度应与遥控器操作杆同步。

②舵机正向摆动切换到反向摆动时没有间隙。

③舵机最大摆动角度应是 60°。

④舵机摆动速度应是 0.2 秒。

⑤舵机摆动扭矩应有力，达到 5.5 千克/厘米。

（2）舵机与舵面系统的调整。舵机的调整。舵机输出轴正反转间不能右间隙，如果有间隙，用旋具拧紧其固定螺钉。旋臂和连杆之间的连接间隙小于 0.2 毫米，即连杆钢丝直径与旋臂和舵机连杆上的孔径要相配。舵机旋臂、连杆、舵面旋臂之间的连接间隙也不能太小，以免影响其灵活性。舵面中位调整，尽量通过调节舵机旋臂与舵面旋臂之间连杆的长度使遥控器微调旋钮中位、舵机旋臂中位与舵面中位对应，微小的舵面中位偏差再通过微调旋钮将其调整到中位。尽量使微调旋钮在中位附近，以便在现场临时进行调整。

（三）无人机电子系统检测

（1）电控系统电源的检测。由于机载电控设备种类多，所以用快接插头式数字电压表进行电压测量，具体操作如下。

①首先将无人机舱门打开，露出自驾仪、舵机、电源等器件，准备一个带快接插头的数字电压表。

②测量各种电源电压，包括控制电源、驱动电源、机载任务电源等。将数字电压表的快接插头连接到上述各个电源快接插头上；读取数字电压表数值；记录数字电压表数值。

③将各个电源接好。

④从地面站仪表上观察飞机的陀螺仪姿态、各个电压数值、

卫星个数（至少要 6 颗才能起飞）、空速值（起飞前清零）、高度（高度表清零）是否正常。

⑤测试自驾/手动开关的切换功能，切到自驾模式时，顺便测试飞控姿态控制是否正确（测试完后用遥控器切换手动模式，此时关闭遥控器应进入自驾模式）。

⑥遥控器开伞、关伞开关的切换功能。在手动模式，伞仓盖已经盖好，则需要人按住伞仓盖进行开伞仓盖测试；在自动模式，通过鼠标操作地面站开伞仓盖按钮，完成开伞仓盖测试，要求与手动模式测试相同。

⑦舵面逻辑功能检查，不能出现反舵。

⑧停止运转检查，先启动发动机，然后再停止，在地面站上观察转速表的读数是否为零。注意事项：数字电压表的快接插头与各个电源快接插座的正负极性一致；如果电压低于规定值，应当立即更换电池。

（2）电控系统运行检测。在飞行前必须对无人机电控系统进行检测，首先将要进行检查的无人机放在空地上，打开地面站、遥控器以及所有机载设备的电源，运行地面站监控软件，检查设计数据，向机载飞控系统发送设计数据并检查上传数据的正确性，检查地面站、机载设备的工作状态，准备好无人机通电检查项目记录表格。

三、航路规划

航路又被称为航迹、航线，航路规划即飞机相对地面的运动轨迹的规划。在无人机飞行任务规划系统中，飞行航路指的是无人机相对地面或水面的轨迹，是一条三维的空间曲线。航路规划是指在特定约束条件下，寻找运动体从初始点到目标点满足预定性能指标最优的飞行航路。

航路规划的目的是利用地形和任务信息，规划出满足任务规划要求相对最优的飞行轨迹。航路规划中采用地形跟随、地形回避和威胁回避等策略。

航路规划需要各种技术，如现代飞行控制技术、数字地图技术、优化技术、导航技术以及多传感器数据融合技术等。

第六节　飞行操控

一、无人机常用起飞方法

1. 滑跑起飞

对于滑跑起降的无人机，起飞时将飞机航向对准跑道中心线，然后启动发动机。无人机从起飞线开始滑跑加速，在滑跑过程中逐渐抬起前轮。当达到离地速度时，无人机开始离地爬升，直至达到安全高度。整个起飞过程分为地面滑跑和离地爬升两个阶段。

2. 母机投放

母机投放是使用有人驾驶的飞机把无人机带上天，然后在适当位置投放起飞的方法，也称空中投放。这种方法简单易行，成功率高，并且还可以增加无人机的航程。

用来搭载无人机的母机需要进行适当改装，如在翼下增加几个挂架，飞机内部增设通往无人机的油路、气路和电路。实际使用时，母机可以把无人机带到任何无法使用其他起飞方式的位置进行投放。

3. 火箭助推

无人机借助固体火箭助推器从发射架上起飞的方法称为火箭助推。这种起飞方式是现代战场上广泛使用的一种机动式发射起飞方法。有些小型无人机也可以不使用火箭助推器，而采用压缩空气弹射器来弹射起飞。

无人机的发射装置通常由带有导轨的发射架、发射控制设备和车体组成，由发射操作手进行操作。发射时，火箭助推器点火，无人机的发动机也同时启动，无人机加速从导轨后端滑

农机使用与维修

至前端。离轨后，火箭助推器会继续帮助无人机加速，直到舵面上产生的空气动力能够稳定控制无人机时，火箭助推器任务完成，自动脱离。之后，无人机便依靠自己的发动机维持飞行。

4. 车载起飞

车载起飞是将无人机装在一辆起飞跑车上，然后驱动并操纵车辆在跑道上迅速滑跑，随着速度增大，作用在无人机上的升力也增大，当升力达到足够大时，无人机便可以腾空而起。

无人机可以使用普通汽车作为起飞跑车，也可以使用专门的起飞跑车。有一种起飞跑车，车本身无动力，靠无人机的发动机来推动。还有一种起飞跑车，在车上装有一套自动操纵系统，它载着无人机在跑道上滑跑，并掌握无人机的离地时机。

车载起飞的优点是可以选用现成的机场起飞，不需要复杂笨重的起落架，起飞跑车结构简单，比其他起飞方法更经济。

5. 垂直起飞

无人机还可以利用直升机的原理进行垂直起飞。这种无人机装有旋翼，依靠旋翼支撑其重量并产生升力和推力。它可以在空中飞行、悬停和垂直起降。

二、副翼、升降舵和方向舵的基本功能

1. 副翼的功能

副翼的作用是让机翼向右或向左倾斜。通过操纵副翼可以完成飞机的转弯，也可以使机翼保持水平状态，从而让飞机保持直线飞行。

2. 升降舵的功能

当机翼处于水平状态时，拉升降舵可以使飞机抬头；当机翼处于倾斜状态时，拉升降舵可以让飞机转弯。

3. 方向舵的功能

在空中飞行时，方向舵主要用于保持机身与飞行方向平行。

· 14 ·

在地面滑行时，方向舵用于转弯。

三、滑跑与拉起

滑跑与拉起在整个飞行过程中是非常短暂的，但是非常重要，决定飞行的成败。所以，在飞行操作之前，必须将各个操作步骤程序化，才能在短暂的数秒中完成多个操作动作。下面简单介绍滑跑与拉起的动作要求。

（一）滑跑

（1）在整个地面滑跑过程中，保持中速油门，拉 10° 的升降舵。

（2）缓慢平稳地将油门加到最大，等待达到一定速度。

（二）起飞

（1）在飞机达到一定速度时，自行离地。

（2）在离地瞬间，将升降舵平稳回中，让机翼保持水平飞行。

（3）等待飞机爬升到安全高度。

（三）转弯

（1）当飞机爬升到安全高度时，进行第一个转弯，将油门收到中位，然后水平转弯。

（2）调整油门，让飞机保持水平飞行，进入航线（不管油门设在什么位置，都要注意让飞机在第一次转弯时保持水平飞行，以防止转弯后出现波状飞行）。

四、进入水平飞行

1. 飞行轨迹的控制

飞机起飞后有充分的时间对油门进行细致的调整，以保持飞机水平飞行。但是在进行油门调整之前，首先要保证能够控制好飞机的飞行轨迹。

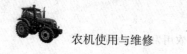

2. 进入水平飞行

从转弯改出（改出是让飞机从非正常飞行状态下经操作进入正常飞行状态的过程）后，进入第三边（顺风边）飞行。此时不要急于调整油门，只有在操纵飞机飞行一段时间后，发现飞机一直持续爬升或下降，才需要进行油门的调整。在进行油门调整时，需要注意的是，在做完一次调整之后，要先操纵飞机飞一会儿，观察一下飞行状态，然后再决定是不是需要对油门继续进行进一步的调整。

飞行航线操控一般分为手动操控与地面站操控两种方式，手动操控用于起飞和降落阶段，地面站操控用于作业阶段。

五、降落操控

多数无人机是可以重复使用的，称为可回收无人机。也有的无人机仅使用一次，只起不落，称为不可回收无人机，例如小型无人侦察机，在执行完任务后，为防止暴露发射地点，自行解体（自炸）。无人机的回收方式通常有以下几种。

1. 脱壳而落

在这种回收方式中，只回收无人机上有价值的那部分，如照相舱等，而无人机壳体则被抛弃。这种方法并不多用，因为一来回收舱与无人机分离并不容易，二来被抛弃的无人机造价不菲。

2. 网捕而回

用网回收无人机是近年来小型无人机常用的回收方法。网式回收系统通常由回收网、能量吸收装置和自动引导设备等部分组成。回收网有横网和竖网两种架设形式。能量吸收装置的作用是把无人机撞网的能量的吸收掉，以免无人机触网发生弹跳而损坏。自动引导设备通常是一部摄像机，或是红外接收机，用于向指挥站报告无人机返航路线的偏差。

3. 乘伞而降

伞降是无人机普遍采用的回收方法。无人机使用的回收伞与伞兵使用的降落伞并无本质区别，而且开伞的程序也大致相同。需要注意的是，在主伞张开时，开伞程序控制系统必须操纵伞带，让无人机由头朝下转成水平方向下降，以确保无人机的重要部位在着陆时不会损坏。

伞降着陆时，无人机虽乘着回收伞，但在触地瞬间，其垂直下降速度仍会达到 5~8 米/秒，产生的冲击过载很大。因此，采用伞降回收的无人机必须要加装减振装置，如气囊或气垫。在触地前，放出气囊，起到缓冲作用。

伞降回收通常只适用于小型无人机。对于大型无人机，由于伞降回收可靠性不高，且操纵较困难，损失率较高，所以较少使用。

4. 气垫着陆

其原理接近气垫船，方法是在无人机的机腹四周装上一圈橡胶气囊，发动机通过管道把空气压入气囊，然后压缩空气从气囊中喷出，在机腹下形成一个高压空气区，支托无人机，防止其与地面发生猛烈撞击。

气垫着陆的最大优点是使用时不受地形条件限制，可以在不平整的地面、泥地、冰雪地或水上着陆，而且不管是大型还是小型无人机都可以使用，回收率高，使用费用低。

5. 冒险迫降

迫降就是选一块比较平坦、开阔的平地，用飞机腹部直接触地降落的一种迫不得已的降落方法。当无人机遇到起落系统出故障，或燃料用完无法回到降落场地时，为保全飞机通常采用这种办法。

6. 滑跑降落

即采用起落架和轮子在跑道上滑跑着陆，缺点是需要较长的跑道，只能在地势相对开阔的地方使用。

第七节 无人机飞行后检查与维护

一、机体检查及记录

(一) 机体外观检查

1. 无人机机体结构及损伤

无人机机翼翼梁采用主梁和翼型隔板结构，受力蒙皮普遍设计成玻璃钢结构，玻璃钢材料的特点是韧性好，裂纹扩散较慢，出现裂纹后容易发现。

无人机机身采用框板结构，部分翼面的梁、少数加强肋多用木质材料制成，而且承受集中力。木质材料（层板）韧性大，断裂过程比较长，产生裂纹后较容易发现。

机身罩在周边上通过搭扣与第一框连接。第一舱设备支架在端部4个角上与4根机身梁前端的金属加强件用螺纹连接，与第一框之间为胶接加螺栓连接。第五框与机身板件之间胶接，与机身后梁金属接头用螺纹连接。

金属结构元件材料热处理状态的设定，零件形状等细节设计均遵循了有人飞机的设计准则。从材料及连接方式上看，飞机结构的抗疲劳性能较好，出现裂纹、脱胶时容易发现。

铆接结构的金属梁使用久了铆钉可能松动，腹板、缘条可能产生失稳、裂纹，或严重的锈蚀；机身壁及机身大梁变形或产生裂纹；设备支架与大梁及框板的连接产生开胶；木质框板裂纹甚至折断，机身板件胶接面开胶。

2. 机体检查

检查前把机体水平放置于较平坦位置。

逐一检查机身、机翼、副翼、尾翼等有无损伤，修复过的地方应重点检查。

逐一检查舵机、连杆、舵角、固定螺钉等有无损伤、松动和变形。

检查重心位置是否正确，向上提伞带使无人机离地，模拟伞降，无人机落地姿态是否正确。

（二）部件连接情况检查。

（1）弹射架的检查。采用弹射起飞的无人机系统，应检查弹射架。此处弹射架特指使用轨道滑车、橡皮筋的弹射机构，见下表。

表 弹射架检查项目

检查项目	检查内容
稳固性	支架在地面的固定方式应因地制宜，有稳固措施，用手晃动测试其稳固性
倾斜性	前后倾斜度应符合设计要求，左右应保持水平
完好性	每节滑轨应紧固连接，托架和滑车应完好
润滑性	前后推动滑车进行测试，应顺滑；必要时应涂抹润滑油
牵引绳	与滑车连接应牢固，应完好、无老化
橡皮筋	应完好、无老化，注明已使用时间
弹射力	根据海拔高度、发动机动力，确定弹射力是否满足要求，必要对测试拉力
锁定机构	用手晃动无人机机体，测试锁定状态是否正常
解锁机构	应完好，向前推动滑车，检查解锁机构工作是否正常

（2）起落架部件的目视检查。不管是日常维护，还是定期检查，检查质量的高低直接影响无人机是否安全，检查质量高会杜绝许多安全隐患。

二、机械系统检查及记录

（一）舵机的检查

舵机需要检查的位置有以下几个部分。

（1）舵机输出轴正反转之间不能有间隙，如果有间隙，用旋具拧紧其顶部的固定螺钉。

（2）舵机旋臂与连杆（钢丝）之间的连接间隙小于 0.2 毫米，即连杆钢丝直径与旋臂及航机连杆上的孔径要相配。

（3）舵机旋臂、连杆、舵面旋臂之间的连接间隙也不能太小，以免影响其灵活性。

（4）舵面中位调整，尽量通过调节舵机旋臂与舵面旋臂之间连杆的长度使遥控器微调旋钮中位、舵机旋臂中位与舵面中位对应，微小的舵面中位偏差再通过遥控器上的微调旋钮将其调整到中位。尽量使微调旋钮在中位附近，以便在现场临时进行调整。

（二）舵面的检查

（1）舵面经过飞行后是否有破损，破损程度小可以用膜材料和黏合剂修复，破损程度大的则需要更换。

（2）舵面骨架是否有损坏，如果损坏，建议更换。

（3）舵面与机身连接处转动是否灵活或脱离，有脱离的应用相应的材料进行连接。

三、飞行后维护

（一）电气维护

（1）无人机电源的更换。无人机上电源电量不足时，需要把耗完电的电池组从电池仓中拆卸下来，将已充好电的电源安装上去。

（2）无人机电源的充电。将拆卸下来的电源连接充电器，充电指示灯正常，按规定时间充好电后，拔下充电器，将充好电的电池放到规定位置备用。

（3）电气线路的检测与更换。

①检查连接插头是否松动。

②更换破损老化的线路。

③使用酒精擦拭污物，防止引起短路。

④对焊点松脱处进行补焊。

（二）机体维护

无人机腐蚀的控制和防护是一项系统工程，其过程包括两个方面：补救性控制和预防性控制。补救性控制是指发现腐蚀后再设法消除它，这是一种被动的方法。预防性控制是指预先采取必要的措施防止或延缓腐蚀损伤扩展及失效的进程，尽量减小腐蚀损伤对飞行安全的威胁。腐蚀的预防性控制又分设计阶段、无人机制造阶段和使用维护阶段。因此，无人机腐蚀的预防性维护也是保持无人机的安全性和耐久性的一项重要任务。

第八节　植保无人机

一、植保无人机喷药和传统喷药技术的区别

（一）植保无人机的概念

植保无人机顾名思义是用于农林植物保护作业的无人驾驶飞机，该型无人飞机有飞行平台（固定翼、单旋翼、多旋翼）、导航飞控、喷洒机构三部分组成，通过地面遥控或 GPS 飞控，来实现喷洒作业，可以喷洒液体药剂、固体粉剂和小颗粒的农药、种子、叶面肥等物资。目前国内植保无人机技术和产品性能参差不齐，众多产品中还缺少有能够满足大面积高强度植保喷洒要求的实用机型。

（二）植保无人机的特点

植保无人机具有作业高度低、飘移少、可空中悬停、无需专用起降机场等优点。旋翼产生的向下气流有助于增加雾流对作物的穿透性，防治效果好，远距离遥控操作，喷洒作业人员避免了暴露于农药的危险，提高了喷洒作业安全性。

无人机喷药服务采用喷雾喷洒方式，至少可以节约 50% 的农药使用量，节约 90% 的用水量，这将很大程度上降低资源成本。电动无人机与油动的相比，整体尺寸小，重量轻，折旧率

更低、单位作业人工成本不高、易保养。

以上就是植保无人机的一些介绍，在操作植保无人机时要注意安全，远离人群，雷雨天气禁止飞行，要按照正确的操作指南进行操作，需要接受正规的操作练习和指导，同时一定要了解植保无人机遥控最大的范围，购买时也要注意植保无人机的质量。建议在购买时找正规的厂家，可以保证产品安全和完善的售后服务，避免因购买而带来不必要的损失。

（三）植保无人机喷药和传统喷药技术的区别

以前农作物病虫害的防治都是采用传统人工喷药技术来进行的，但是这种传统喷药技术不仅不安全，而且效率非常低下，早已不能满足行业发展的现状，而喷药无人机的出现大大解决了这一难题。那么喷药无人机和传统喷药技术的区别在哪呢？

1. 植保无人机喷药比传统喷药技术更安全

喷药无人机可用于低空农情监测、植保、作物制种辅助授粉等。植保中使用最多的是喷洒农药，携带摄像头的无人机可以多次飞行进行农田巡查，帮助农户更准确地了解粮食生长情况，从而更有针对性地播洒农药，防治害虫或是清除杂草。其效率比人工打药快百倍，还能避免人工打药的中毒危险。

2. 植保无人机喷药比传统喷药技术作业效率更高

喷药无人机旋翼产生向下的气流，扰动了作物叶片，药液更容易渗入，可以减少 20% 的农药用量，达到最佳喷药效果，理想的飞行高度低于 3 米，飞行速度小于 10 米/秒。大大提高作业效率的同时，也更加有效地实现了杀虫效果。而传统的喷药技术速度慢、效率低，很容易发生故障，还可能导致农作物不能提早上市。

3. 植保无人机喷药比传统喷药技术更节省

无人机喷药服务每亩（1 亩 ≈ 667 平方米，1 公顷 = 15 亩。全书同）地的价格只需要 10 元钱，用时也仅仅只有 1 分钟左右，一个植保作业组包括 6 个人、1 辆轻卡和 1 辆面包车、4 架多旋翼无人机，在5~7天可施药作业1万亩。和以往的传统喷药技术雇人喷药相比，节约了成本、节省了人力和时间。

植保无人机喷药和传统喷药技术的区别在于：植保无人机喷药不仅能够提早预防农作物灾害情况，不浪费资源，而且喷洒均匀、覆盖全面。

二、植保无人机喷洒技术

（一）液滴雾化

现在无人机喷洒技术的研究发达国家主要在两个方面展开深入研究，分别是研究雾滴的沉降规律，通过建立雾滴分布数学模型以及如何精确应用 GPS 导航系统在防止病虫害时喷洒农药达到最大防治效果，防止出现漏喷和重喷的情况。现在主要有两种喷头雾滴雾化的方式：液力式雾化以及离心式雾化。离心式雾化最主要是可以减轻整个喷洒设备的重量，便于操作喷洒农药，这是无人机最常采用的雾化喷头。原理是利用无人机上的发电机供电给喷头电动机，农药液通过离心力甩出去，雾滴得以形成。通过调节喷头转速可以轻松改变雾滴的大小，改变喷头转盘结构也可以达到这个目的。无人机飞行时的气流速度，外界大气流情况都将对雾滴下落的情况造成影响，农药喷洒的区域范围也将有改变，最终体现在对病虫害的防治效果上。因此需要对雾滴在无人机喷洒后的路径以及运动状态做进一步研究，在对液滴雾化方面的探究将对未来喷洒农药方面有很大的帮助。

（二）运输及沉降过程

雾滴在滴落以及沉降运动过程中有不确定性，像复杂的空间气流运动，会使得雾滴之间相互激烈碰撞融合，这让雾滴运动具有很多种随机情况。所以要得到空气流场中雾滴的均衡流动状态，建立雾滴流场的数学计算模型是十分必要的。研究员一般在实验室中通过一些专业软件来模拟喷雾的全过程。计算机模型能够对飞行器航空喷雾的全程进行生动模拟，雾滴沉降效果如何受风速、雾滴蒸发速度、空间气流实况等因素的影响都可以进行研究分析。AGDISP 这种计算机模型加拿大将其应用于如何保护植物方面，美国则通过输入无人机喷嘴间距、雾滴质量等相关参数以及现场大气风速、温度等数据科学计算出雾滴的沉降量，对于后续研究如何更好精确喷洒农药起到重大作用。

（三）气候条件对喷洒的影响

提高雾滴喷洒准确率的关键之一是把握好喷雾时间，不同的地形地势会影响喷洒的最终效果。不仅如此，无人机机翼旋转产生的气流，喷洒作业产生的热量，不确定的风速都会影响雾滴落在农作物上的区域范围。如何最大程度减少农药液的飘散和挥发损失是需要着重研究的。目前研究表明当大气温度高于28℃时就需要适时停止喷洒操作，以减少不必要的损失。相关资料表明，雾滴的漂移量与风速状况呈线性相关，影响雾滴的水平运动最关键要素是风速和风向，随着风速的加大雾滴的漂移量也增多。此外，美国学者研究指出新的喷雾技术研究发展控制农药漂移关键，雾滴的大小需要结合大气温度，风速各方面综合考虑得出结果。为了合理有效控制雾滴漂移，最大程度利用农药，需要对气候加强研究，因为喷洒过程本身存在很多随机性，研究气象因素对喷洒效果的影响是极为必要的。

三、农用植保无人机喷洒作业

（一）当日的准备

（1）要提前确认农用植保无人机和喷洒所需的材料是否已经准备好，把这些装入输送车上。

（2）确认头盔、面罩、保护眼镜、长袖的上衣、长裤等装备是否合适。

（3）确认对讲机是否可以正常使用。

（二）起飞操作时

（1）起飞场所的周边要没有障碍物，选择眼睛能够看到的平坦的农道。

（2）与作业相关的全体人员，认真确认人和车是否有靠近。

（3）缓缓上升，当回旋翼稳定下来，慢慢地上升并起飞。

（三）喷洒作业中

（1）风速超过 3 米/秒时，终止喷洒飞行。

（2）遵守飞行高度、飞行速度、飞行距离等喷洒标准。

（3）必须预留缓冲地，不要向着有障碍物的那一边飞行。

（4）飞控手和安全师要对飞行路径是否有障碍物、喷洒方向是否好等进行经常联络。

（5）农用植保无人机的移动要使用输送车辆，绝对不能在车上边操作边移动。

（6）为了进行药剂、电量等的补给而需要着陆的情况下，飞控手、安全师、飞控手助理要确认人和车是否有经过危险的范围内。

（7）进行电量补给、药剂补给的时候，必须要确认电动机停止之后才进行。

（8）一个小时休息一次。

（四）喷洒作业后

（1）喷洒完成之后，马上用香皂把手和脸洗干净。

（2）与飞控手共同协力把农用植保无人机和喷洒装置等清洁干净。

（五）作业完成清洗时

（1）药箱及喷洒装置里残留的农药要进行适当的处理。

（2）配管里的残余农药，在不影响环境的前提下，进行安全处理。

（3）药箱、配管、喷头等要特别清洗干净。

第二章　拖拉机使用与维修

第一节　拖拉机驾驶技术

一、行驶速度

驾驶员应综合权衡自己的车型、道路、气候，装载情况以及过往车辆、行人情况，确定合适的车速。首先应尽量保持车速均匀，通过居民区、路口、桥梁、铁路、隧道以及会车时，均需提前减速，提高警惕。

在考虑经济车速的同时一定要严格遵守安全交通规则的限速规定。一般大中型拖拉机正常行驶速度在每小时 20 千米左右，最高车速一般不超过每小时 30 千米。严禁采用任意调整调速器等方法来提高车速。

二、行车间距

拖拉机与前车必须保持一定的间距。间距的大小与当时的气候、道路条件和车速等因素有关。一般平路行驶保持 30 米以上，坡路、雨雪天气车距应在 50 米以上。

三、转弯

转弯驾驶技术要点是减速，鸣喇叭开转向指示灯，靠右行。

四、会车

会车时应减速，靠右行。注意两车交会之间的间距应保持车子最小安全间距，即两车会车时的侧向间距最短不可小于 1~

1.5 米。雨、雪、雾天、路滑、视野不清时，会车间距应适当加大。同时要注意有关过往非机动车辆和行人，并随时准备制动停车。

在有障碍物的路段会车时，正前方有障碍物的一方应先让对方通行。在狭窄的坡路会车时，下坡车应让上坡车先行。夜间会车，在距对方来车 150 米以外必须互闭远光灯，改用近光灯。在窄路、窄桥与非机动车会车时，不准持续使用远光灯。

如果拖拉机带有拖车会车时，应提前靠右行驶，并注意保持拖拉机与拖车在一条直线上。

五、超车

超车前首先要观察后面有无车辆要超车，被超车的前面有无前行的车辆以及有无迎面而来的车辆或会车，并判断前车速度的快慢和道路宽度情况，然后向前车左侧接近，并打开左转向灯，鸣喇叭，如在夜间超车时还需变换远近光灯，加速并从前车的左边超越，超车后，必须距离被超车辆 20 米以外再驶入正常行驶路线。

超越停放的车辆时，必须减速鸣喇叭，同时要注意停车的突然起步或车门打开并有人从车上下来，或有人从车底下向道路中间的一侧出来的情况出现，并随时准备制动停车。

当被超车示意左转弯或掉头时，或在一般视野不开阔的转弯地段，不允许超车。在驶经交叉路口、人行横道或限速路段，或因风沙等造成视线模糊时，或前车正在超车时，均不允许超车。

驾驶员发现后面的车辆鸣喇叭要求超车时，如果道路和交通情况允许超车，应主动减速并靠右行驶，或鸣喇叭或以手势示意让后面的车超车。

六、城区公路驾驶技术要点

拖拉机进入城区道路，要熟悉城区道路的特点。城区人多

车杂，街道密集，纵横交错，路口多，行人、自行车、机动车混流现象严重，但道路标志、标线设施和交通管理比较完善。

进入城区，要熟悉城区道路交通情况（如单行线、限时通行等），按规定的路线和时间行驶。

要各行其道，注意道路交通标志。无分道线时应靠右中速行驶，前后车辆要保持适当的距离。临近交叉路口时，要及时减速，预先进入预定车道，并注意信号变化。

严禁赶绿灯、闯红灯。随时做好停车的准备，停车应停在停车线以内。转弯时要用转向灯示意行进方向。

七、乡村公路驾驶技术要点

乡村公路路面窄，质量差，应低速行驶。要注意不要与畜力车、拖拉机、人力车、放养的牲畜家禽抢道行驶。超车时，应注意观察路面宽窄，前方有无来车，并要留有足够的侧向距离，减速通过。与牲畜交会时，不可强行鸣笛或猛轰油门，防止牲畜受惊发狂。路过村庄、学校、单位门口时，应防备行人、车辆或牲畜突然窜入路面，以免发生事故。

八、通过铁路、桥梁、隧道时的驾驶技术

通过有看守人的铁道路口时，要观察到道口指示灯或看守人员的指挥；通过无人看管的铁道路口时，要朝两边看一下，确认无火车通过时再低速驶过铁道路口，中途不换挡。万一拖拉机停在铁道路口上，要沉着处理，尽快设法将拖拉机移出铁轨。

通过桥梁时要靠右边，低速平稳地通过桥梁。如同时有多辆车过桥，要注意载重和车距。避免在桥上换挡、制动和停车。

通过隧道之前，注意检查拖拉机装载高度是否超出隧道的限高。通过隧道时，打开灯光，鸣喇叭，低速通过。

九、拖拉机在坡地上的驾驶

拖拉机在坡地上工作主要有上坡、下坡和横坡 3 种情况。

（一）上坡

当驾驶拖拉机上坡时，如坡度较大，拖拉机重心的作用线超出行走装置支撑面后边缘时，拖拉机将在本身重力的作用下向后翻倾。因此，不要驾驶拖拉机上过陡的坡。当驾驶悬挂农具、处于运输状态的拖拉机上坡时，更应特别注意，防止向后翻倾。驾驶轮式拖拉机上坡时，驱动轮可能因各种原因停止运转，这时，为防止翻倾，不能采用猛接离合器、加大"油门"的操作方法，而应在拖拉机前轮上增加配重，以改善稳定性。当驾驶悬挂农具的拖拉机上坡时，可以利用倒挡行驶上坡。如发现拖拉机前轮离开地面向上抬起，应迅速分离离合器，靠其自重使前轮压回地面，同时注意制动，防止下滑。

（二）下坡

下坡与上坡情况类似，不同的是拖拉机可能向前翻倾。这时，应注意挂低速挡慢行，严禁空挡滑坡、下坡换挡、高速时紧急制动等。下坡速度过快、惯性大，或遇障碍及紧急制动时，极易翻车，而且，还可能因操纵不及时发生撞人、撞车、掉沟等事故。另外，驾驶装有转向离合器的拖拉机（履带式或手扶拖拉机）下坡时，应注意采用反向操作法。

（三）横坡

拖拉机在横坡上行驶也存在翻车的危险，还可能产生侧向滑动，影响作业质量。为防止拖拉机在横坡上工作时发生翻车事故和侧滑，应尽量避免在坡度较大的坡地上工作，必须作业时，应放宽左右轮距，以提高稳定性；要注意挂低速挡慢速行驶，以免遇到障碍突然颠动，失去平衡而翻车；转向时，应注意不向上坡方向转弯，在地头转向时，不要急速提升悬挂农具，以免重心改变而翻车。此外，还应注意使拖拉机处于良好的技

术状态，如正确的润滑油位（保持上限）、充足的燃油量、转向机构的正确调整和工作可靠性、履带的张紧度（以免转弯中脱轨）等。

第二节　拖拉机的维护保养

一、空气滤清器的保养

加强对空气滤清器的保养是提高发动机使用寿命，防止动力性和经济性下降的重要措施。一般使用、保养须注意下列几点。

一是经常检查空气滤清器各管路连接处的密封性是否良好，螺钉、螺母、夹紧圈等处如有松动，应及时拧紧，各零部件如有损坏、漏气，应及时修复或换件。

二是在使用中，空气滤清器内积存的尘土逐渐增多，空气的流动阻力增大，导致滤清效率降低。所以，一般每工作100小时（在灰尘多的环境中每工作20~50小时）必须保养一次。保养时可用清洁的柴油清洗滤芯，清洗后应吹干，再涂上少许机油，安装好。安装时油盘内应换用清洁的机油。

三是向油盘内加油时，油面高度应加至油面标记位置。机油加得过多，会被吸进汽缸燃烧，造成积炭，甚至导致飞车事故；加得过少，又会影响其滤清效果，缩短柴油机的使用寿命。

四是空气滤清器的导流栅板要保持不变形、不锈蚀，其倾斜角度应为30°~45°，过小则阻力增大，影响进气，过大则气流旋转减弱，分离灰尘能力减小。叶片表面不得掉漆，以防氧化颗粒进入汽缸。排尘口的方向应以能排出尘粒为准。

五是保养中要清理通透气网孔；对有集尘杯的，尘粒不得超过1/3的高度，否则应及时清除；集尘杯口密封应严密，橡皮密封条不得损坏或丢失。

六是换油和清洗应在无风无尘的地方进行。吹滤网要用高压空气，在湿度低的环境进行，吹气方向要与空气进入滤网的方向相反；安装时，相邻滤网折纹方向应相互交叉。

二、柴油滤清器的保养

定期清洗滤清器，在清洗滤芯时发现滤芯有破损应及时更换，清洗时应注意防止杂质在清洗时进入滤芯内腔，从而进入油道。

在清洗滤清器时注意检查各部位密封垫圈。如丢失、损坏、老化、变形等均应及时更换。

安装必须正确、可靠，如弹簧长度缩短、弹力减弱等原因，会影响滤芯两端密封性能造成短路，必须立即排除。

按保养周期进行定期保养，但在尘土较多的情况下工作可适当提前保养。

三、机油滤清器的保养

机油滤清器使用一定时间后，滤芯上面附着很多杂质和污物，因此应按照说明书的要求定期进行更换。正常行驶的汽车，机油滤清器应于每6个月或每行驶6 000~8 000千米时更换，对于大型车辆的机油滤清器应按上述时间和里程清洗滤芯。在恶劣条件下，如经常行驶在多尘的道路上，应每行驶5 000千米更换。

对于离心式机油滤清器，可按以下方法进行清洗。

一是先清除滤清器外罩和壳体上污物。拆下外罩，取下紧固转子的螺母和止推轴套，然后取下转子。

二是用套筒扳手拧下转子盖上的螺母，拆下转子盖（注意不要弄坏密封垫圈），用木刮板清除的导流栅板要保持不变形、不锈蚀，其倾斜角度应为30°~45°，过小则阻力增大，影响进气，过大则气流旋转减弱，分离灰尘能力减小。叶片表面不得掉漆，以防氧化颗粒进入汽缸。排尘口的方向应以能排出尘粒为准。

三是保养中要清理通透气网孔；对有集尘杯的，尘粒不得超过 1/3 的高度，否则应及时清除；集尘杯口密封应严密，橡皮密封条不得损坏或丢失。

四是换油和清洗应在无风无尘的地方进行。吹滤网要用高压空气，在湿度低的环境进行，吹气方向要与空气进入滤网的方向相反；安装时，相邻滤网折纹方向应相互交叉。

四、行走系统的维护保养

（一）定期进行检查调整

1. 前轮轴承间隙的检查

调整前轮轴承的正常间隙为 0.1~0.2 毫米，当超过 0.5 毫米时，应进行调整。

调整时，支起前轴，使前轮离地（对于履带式拖拉机，则应松开履带），依次取下防尘罩、开口销，拧动调节螺母，直到消除轴承间隙为止，再退回 1/10 圈；转动前轮时，前轮灵活且无明显松动，即表示调整正确。最后，安装开口销和防尘罩。

2. 前轮前束的检查调整

将拖拉机置于坚硬平地上，转动方向盘使前轮转到居中位置；在通过前轮中心的水平面内，分别量出两前轮前端和后端内侧面之间的距离，计算其差值。如果差值不符合要求，可改变横拉杆的长度进行调整。横拉杆拉长时前束增大，缩短时前束减小。

3. 履带下垂度（张紧度）的检查调整

检查时，将履带式拖拉机停放在平坦地面上，用一根比两个托带轮间距稍长的木条放在履带上，测出履带下垂度最大处的履带刺顶部到木条下平面间的距离，其正常值在 30~50 毫米范围内，否则需要进行调整。

调整下垂度时，首先要检查并调整缓冲弹簧的压缩长度在638~642 毫米范围内，以消除张紧螺杆端部的螺母与支座之间的间隙并锁紧，然后向液压油缸内加注润滑脂，使履带下垂度达到要求。

对于东方红－1002 型拖拉机，其采用液压油缸张紧装置，具有调整履带下垂度和安全保护的功能，当拖拉机遇到障碍时，产生的冲击使缓冲弹簧压缩，履带得到缓冲，如果冲击力超过了弹簧的最大压力时，液压油缸的安全阀自动打开，以达到安全防护的目的。

(二) 重视日常保养

经常检查轮毂螺栓、螺母及开口销等零件的紧固情况，保持其可靠性。

每班保养时向摇摆轴套管、前轮轴及转向节等处加注润滑脂。

经常检查托带轮、引导轮、支重轮等处油位，必要时添加润滑油，并按要求定期清洗和换油。

及时清除泥土和油污。保持行走部件清洁，尤其注意不要使轮胎受汽油、柴油、机油及酸碱物的污染，以防腐蚀老化。

拆装轮胎时，不要用锋利尖锐的工具，以防损伤轮胎，安装时要注意轮胎花纹方向，从上往下看，"人"或"八"字的字顶必须朝向拖拉机前进方向。

定期将左右轮胎、驱动轮、拐轴和履带等对称配置的零部件对调使用，以延长使用寿命。

五、转向机构的维护保养

转向机构起着控制和改变拖拉机的行驶方向，决定着拖拉机行驶的安全性，对转向机构的检查不可掉以轻心，确保转向机构技术状况良好。

(1) 检查横直拉杆球头、转向垂臂、转向机座等的紧固情况及开口销的锁止情况。

(2) 检查转向轴的预紧情况（方法是沿转向轴轴向推拉方向盘，不得有明显的间隙感及晃动感）。

（3）检查方向盘的游动间隙是否控制在 15～30 毫米，过大、过小都要及时调整。

（4）在球头等处及时加注黄油。

（5）当转向机构零件有损伤裂缝时，不得进行焊接修理，应更换新件。

（6）当行车过程中发现有方向卡滞现象时要停车，排除故障后方可行驶。

（7）当行车中发现方向摆振、跑偏等现象时，要及时送修，不得长时间行驶。

（8）当转向有沉重现象时，要查明原因，及时消除。

第三节　拖拉机的故障与排除

一、发动机排气冒异烟的原因及排除方法

发动机排气冒异烟是技术状态不好的一种表现。如继续使用，必将导致压缩系统相关零部件的快速磨损，耗油量增加，马力不足，动力性能和经济性能下降，应立即停车排除。

发动机排气冒烟颜色可分为黑色、白色和蓝色三种。首先要通过仔细观察准确认定排气颜色；然后注意排气冒烟过程中是否伴有杂音及杂音出现的部位；三是注意观察烟是连续的还是间断的，是突发的还是逐渐发展的；四是注意曲轴箱通气孔是否也有烟排出，是多还是少；五是注意燃油耗量是否增加、机油压力是否有变化等。必要时可查阅一下技术档案、修理档案和工作日记等，只有全面了解情况，才能准确判断故障原因。

（一）冒黑烟

发动机冒黑烟是由于燃油燃烧不完全，产生的自由碳由排气管排出而引起的。究其原因，主要由燃油供给系统、空气供给系统和发动机压缩系统的技术状态不良造成。

1. 燃油供给系统的故障

第一，调整不当，供油量大于标准供油量，油、气比例失调，燃烧不完全，排气管冒黑烟不仅连续而且均匀。这种情况新修发动机在马力试验台上就表现出来。

第二，由于调整不当或个别缸柱塞调节拉杆接头与油泵拉杆产生相对位置移动时，个别缸供油量偏大，此缸出现燃烧不完全，这时排气冒黑烟是间断的、有规律的，断缸检查时，冒烟消除。

第三，喷油嘴雾化质量不好，喷油锥角不正确，燃烧不完全，排气冒黑烟。若是个别缸喷油嘴喷油雾化质量不好，燃烧不完全造成的排气冒黑烟是间断的、有规律的，若各缸油嘴喷油雾化质量都不好，锥角不正确，则所冒黑烟是连续的。造成雾化质量不好的原因主要由喷油嘴调压弹簧弹力减弱或折断造成。

第四，供油提前角不正确（稍偏小），燃油燃烧时间缩短，燃烧不完全，排气冒黑烟。

2. 空气供给系统故障

第一，空气滤清器缺乏保养堵塞或通气管道不畅，进气不足，燃烧不完全，排气冒黑烟。

第二，配气机构的故障造成发动机充气不足、废气排不净、燃烧不完全冒黑烟。故障表现为气门间隙大；气门弹簧烧坏、弹力不足、气门烧损和气门被积炭等杂物垫起导致关闭不严等。

3. 发动机超负荷，排气管冒黑烟

负荷恢复正常后，黑烟消失。这不是故障，属使用不当。驾驶员操作机器时应合理使用挡位，尽可能避免机器超负荷工作。

（二）冒白烟

喷入汽缸的燃烧油没燃烧；柴油中含水分较多或冷却水漏入汽缸；油路中有空气等排气管都会冒白烟，造成这一现象的原因有以下几点。

（1）发动机温度低，燃油得不到完全燃烧，没燃烧的燃油呈雾状由排气管排出。

（2）缸垫烧损，冷却水进入汽缸，在高温高压作用下，水呈雾状由排气管排出。

（3）供油时间太晚，燃油不能在工作行程中全部燃烧，没燃烧的燃油呈雾状随废气一同排出，呈白烟。油门越大越明显。如是单缸供油过晚（随动柱调整螺钉退扣），这时排气管冒白烟是间断的、有节奏的冒，并伴有粗暴的"砰、砰"声，断缸检查时，白烟消失；如单缸供油晚到活塞下行时，喷入汽缸的燃油不燃烧全部由排气管排出，并伴有发动机着火"缺腿"，马力下降。

（4）喷油嘴后滴、喷油嘴针阀在打开位置卡住或喷油嘴压力弹簧折断等，使进入汽缸的燃油不仅不雾化，而且供油量也增大，燃油不能全部燃烧，大部分由排气管排出。

（5）柱塞副磨损（或质量低劣），密封性不好，喷油时间滞后，部分燃油没燃烧被排气管排出。

（6）燃油质量不好，自燃点及闪点高，燃烧时间落后，燃烧速度慢，不能完全燃烧。

（7）配气机构故障：单缸进气门间隙过大；摇臂、推杆、气门调整螺栓折断等，使进气门不能打开，燃烧室没有空气，燃油不能燃烧，着火"缺腿"，启动困难；个别气门没有间隙，气门不能关闭，燃油也不能燃烧出现"缺腿"。

（8）喷油嘴装配不紧漏气，汽缸压力不足，部分燃油不能燃烧，由排气管排出。

（9）由于润滑不良，气门在打开的位置卡住，使汽缸压缩不足，燃油不能燃烧造成"缺腿"。

（三）冒蓝烟

发动机烧机油排气管冒蓝烟。出现这一故障原因如下。

（1）压缩系统缸筒锥度、椭圆度超限；缸筒与活塞间隙太大；活塞环开口间隙、边间隙超限；活塞环开口重合（"对口"）；活塞环被积炭胶住，弹性消失；扭转环或锥度环安装位置及方向不正确。

（2）缸筒有较深的纵向拉伤。

（3）气门与气门导管间隙过大。

（4）空气滤清器油盆中机油油面过高。

（5）油底壳机油油面过高。

（6）新车或大修后的发动机没有严格按磨合规范进行磨合。

（7）燃油质量低劣，含有较多废机油。

二、离合器接合时发抖

（一）故障现象

起步时，驾驶员按正常操作平缓地放松离合器踏板，拖拉机不是平稳地起步加速，而是间断接通动力，拖拉机轻微抖动。

（二）故障排除

分离杠杆内端不在同一垂直平面内，应调整。

发动机或变速箱和飞轮壳固定螺栓松动，应拧紧。

压盘翘曲不平、压盘弹簧弹力不平衡，应修理或更换零件。

从动盘钢片与盘毂铆钉松动，或摩擦片表面不平，应分解离合器并修理。

从动盘毂键槽严重磨损，或变速箱第一轴（或离合器轴）弯曲和花键严重磨损，应予以校正，磨损严重时应更换。

三、变速箱跳挡

（一）故障现象

拖拉机在行驶时，突然加、减速或"拖挡"后猛加油门时，变速杆自动跳回空挡。

拖拉机在上坡或平路高速行驶时，轻点制动，变速杆自动跳回空挡。

在凹凸不平的道路上行驶，拖拉机发生颠簸振动时，自动跳回空挡。

（二）故障排除

首先检查变速箱的锁定机构；检查锁定弹簧是否折断失效或弹力减弱。若锁定弹簧折断，则应该更换；若弹簧弹力不足而又没有备件时，可在弹簧下部垫一个适当厚度的垫圈，以弥补锁定弹簧弹力的不足。

检查拨叉轴"V"形定位槽及锁销头部的磨损情况。若"V"形定位槽或锁销头部磨损严重，应修磨或更换。

检查齿轮的啮合情况及拨叉，若上述零件情况正常，则应进一步检查齿轮的啮合情况及拨叉。

另外，对没有联动锁定机构的拖拉机，如果挂挡时变速杆没有推到底，定位销就不能落入拨叉轴上的"V"形槽内，使齿轮不能全齿啮合，拨叉轴浮动。齿轮在运转中会产生轴向推力，而定位销又不能使其定位，因此，使啮合齿轮甩脱造成跳挡。因此，在挂挡时一定要把变速杆推到底。

四、拖拉机制动系统故障及排除

（一）制动器失灵

1. 故障现象

驾驶员把制动器踩到底，拖拉机虽然减速，但是不能迅速停车。

2. 故障排除

调整制动器踏板自由行程到规定值。

更换油封或橡胶密封圈，用煤油或汽油清洗制动摩擦片表面上的油污或泥水，晾干后再使用。

更换制动摩擦片。

（二）制动器分离不彻底

1. 故障现象

制动结束后，制动器不分离或分离不彻底，导致制动器发热，加速制动摩擦片的磨损，甚至烧毁摩擦片。

2. 故障排除

调整制动器间隙，制动踏板自由行程，使其处于规定值。更换回位弹簧。清除摩擦片表面间的异物，保持干燥清洁。对各铰接点加注润滑脂。改变驾驶习惯，除了需要制动外，不要把脚放在制动踏板上。

（三）拖拉机制动异响故障排除

更换制动摩擦片，重新铆接。更换或重新安装回位弹簧。更换制动毂。按照规定扭矩重新拧紧制动鼓螺母，并用螺母锁片锁紧。调整制动毂与制动蹄的间隙到规定值。更换连接键。

（四）拖拉机制动"偏刹"

制动时，左右两车轮不能同时制动或制动可靠性不一致，导致拖拉机发生偏转，这就是"偏刹"现象。应对其进行检查和调整，可消除偏刹现象。

五、拖拉机液压悬挂系统故障及排除

（一）农机具不能提升

故障排除：①应拆卸提升器盖重新安装。②打开拖拉机侧面的检视孔，拨动控制阀，使其恢复正常。③应拆开油缸，检查缸体与活塞及活塞环的安装间隙，检查油液清洁状况，并调整或更换机油。④应及时更换损坏的安全阀。

（二）农机具不能下降

农机具升起后不能下降，原因和排除方法与农机具不能提升基本相同。此外，还应注意：①控制阀弹簧是否过松软或失效，必要时应予更换。②提升轴套是否磨损。提升轴套磨损以

后，农机具在提升状态，会因运动中的颠簸将内提升臂卡在后桥体上，造成农机具不能下降。应卸去农机具，扳动提升臂，使内提升臂松脱，必要时更换轴套。

（三）农机具不能提升或提升缓慢

故障排除：①应磨合阀与阀座接合面或更换弹簧，安装时检查密封性。②当油泵柱塞与套筒磨损间隙超过 0.1 毫米时，须修理恢复其配合精度。③将 3 个封油圈调换安装位置。如仍不能解决，最好与控制阀成对更换。④应按时清洗滤清器或更换油液。

六、蓄电池早期损坏的原因及蓄电池的正确使用和保管

（一）早期损坏的原因

（1）极桩和夹头大小不符合，安装过松，接触不良，不能正常工作；安装过紧，拆装时猛打猛撬，损坏极桩。

（2）固定不可靠，剧烈振动，使胶封、外壳和盖裂开。

（3）充电电流过大，造成极板上活性物质加速脱落。

（4）每次启动时间过长，使蓄电池急剧放电，造成极板弯曲，活性物质崩裂。

（5）长期在充电不足的情况下放置或使用，极板硫化。

（6）电解液液面低于极板，露出部分被硫化。

（7）电解液中含有杂质（蒸馏水不纯，配制电解液时使用铜或铁等金属容器等）。蓄电池内形成"小电路"，使蓄电池加速自行放电。

（二）正确使用和保管蓄电池的方法

（1）应保持外部清洁。如有电解液泄出时，应用苏打水或温水将外壳擦抹干净。

（2）加液盖要拧紧，通气孔要时刻保持通畅。

（3）极桩和夹头要保持清洁、接触良好。连接好后，最好涂一层凡士林或黄油。

（4）蓄电池安装时要用橡胶、毛毡等软而有弹性的物质垫好紧固，做到既牢固又减振。

（5）电解液液面应高出极板上端面 10~15 毫米。要注意经常检查和及时添加蒸馏水。如因跌损和泄漏电解液，应补充电解液并测量比重。

（6）及时调整电解液比重，冬季使用，电解液比重适当提高些（具体要求以使用说明书为准），以防冻结。

（7）每次启动发动机不得超过 5 秒，连续 2 次启动的时间间隔不得少于 2 分钟，连续使用 3 次以上时，时间间隔不得少于 15 分钟。

（8）充电系统的工作应正常，充电量应适当（不得随意调整调节器）。

（9）停止作业的机车，每月要充放电一次。冬天应将蓄电池放在 5℃ 以上室内以防冻坏。

（10）长期不用应进行干保存。停用时间超过 1 年，或停用期间不可验行充电的蓄电池，应采用干保存（即不带电解液保存）。其处理方法是：先将蓄电池用 20 小时充足电后，再以此电流放至单格电压为 1.90 伏，然后再倒出电解液，注入蒸馏水浸润 12~15 小时（每隔 3 小时换一次蒸馏水，换 4~5 次），使极板微孔中残留的电解液得到充分调稀。而后根据蓄电池的种类，进行干保存。

（11）干保存时，移动式蓄电池一般不拆开，在最后一次倒出蒸馏水后，将蓄电池倒置，沥尽内部蒸馏水，放在空气流通的地方让极板自然晾干，再拧紧胶塞，并用蜡或胶布封闭气孔，即可保存。

固定式蓄电池最后倒出蒸馏水后，须从壳体内取出极板组、隔板等部件。此时若发现取出的极板（主要是负极板）有发热现象时，应继续用蒸馏水溅泼，直到不发热为止，再将其晾干。正、负极板组应各自分开直立排列存放，相互间留有适当距离。如单片放置、堆叠片数不宜过多，防止将极板活性物质压掉。

极板最好能放在架上。库内应干燥和适当保温。

（12）蓄电池在恢复使用前（固定式蓄电池须重新装配），均应注入符合规定浓度的电解液，浸透极板和进行补充电，方可使用。

七、识别蓄电池正、负极桩的方法

新蓄电池的正极接线桩标有"+"或涂以红色，负极桩标有"−"或涂以蓝色，以示区别。

旧蓄电池极桩标志模糊不清时，可通过观察颜色进行区别，一般正极桩呈棕黑色，负极桩呈金属铅色。也可从两极桩上分别引出两根导线（两导线端部不得相互接触，以免短路），插入稀硫酸溶液中或稀盐水、稀碱水中，产生气泡多的一端为负极。除此之外，还可以通过观察极桩粗细进行区分，一般是正极桩较粗，负极桩较细。

最好的方法是用电表测定。正常测量极性或测量单格蓄电池电压用数字电压表为多。便携式磁动电压表、高率放电计也是常用测量工具。

八、蓄电池电极板硫化的原因、预防措施和排除方法

一般极板硫化的蓄电池，充电时，短时间内电解液就会产生大量气泡；电解液温度升高很快，而且电压始终不易升高，电解液也不能达到原来的比重。充电后，很短时间内就没有电或电流很弱。用电时，单格电压下降快（用高率放电测试验时电压逐渐下降）。启动电动机运转无力。

（一）造成极板硫化的原因

（1）充电系统状态不好，缺乏必要的定期充电，蓄电池长期在电量不足状态下工作。

（2）旧蓄电池长期不用，保管不当。

（3）蓄电池长期高温使用（高于45℃），蒸馏水大量蒸发，长期电解液比重过大。

（4）蓄电池电解液液面经常过低。

（5）充电时，配制电解液的硫酸和蒸馏水不纯净。

（二）预防措施

预防蓄电池极板硫化必须从以下几方面入手。

（1）蓄电池生产厂家要严格把好选材、工艺、包装和质检关，从源头确保产品质量关。

（2）使用时，严格按产品使用说明书的规定使用、保养及保管。如正常地进行充、放电；定期检查添加蒸馏水，防止极板露出液面；暂不使用充电贮存的蓄电池，每半月到一个月应充电一次。

（3）用 Vx-6 活性剂（也称添加剂），也可起到预防、消除极板硫化的作用，对减少蓄电池自行放电，改善低温启动性有一定的效果。该剂是一种含镉的非酸性溶液，装在密封的塑料管内，每支重约 28 克，每单格电池可加半支到一支。使用前启封，将其注入电解液中，添加后，经过充电使其混合均匀即可。

（三）极板硫化的排除方法

（1）极板轻度硫化时，用去硫充电法进行修复。即将蓄电池按 20 小时放电率放电，到各单格的电压为 1.8 伏为止。然后倒出电解液，换入密度为 1.04~1.06 克/立方厘米的电解液，继续用 C_{20} 的 1/20 电流充电（充电电流还可小一些），时间约 20 小时，如此连续几次，直到电解液比重不再继续升高时为止。再换用正常比重的电解液，按正常充电法将蓄电池充足。最后用 20 小时放电率放电，检查容量，如放电测得的容量达到标准容量的 80% 时，为硫化已消除；如容量达不到 80%，说明极板硫化严重，应进行彻底修理或更换新品。

（2）极板中度硫化时，可用水疗法修复。即先将蓄电池充电，接着做一个 10 小时放电率放电，放到单格电压为 1.8 伏为止。然后倒出电解液，加入比重为 1.06 的电解液或蒸馏水，

静置 1~2 小时。再用 20 小时率电流充电（电流还可小些），充电到电解液比重升到 1.12 以后，再用 C_{20} 的 1/40 电流充电到终止。

（3）极板硫化非常严重，白斑成块、布满极板、电解液干涸，则只能更换新极板，重新充电后使用。

第三章 耕整地机械使用与维修

第一节 耕地机械

耕地机械的种类和形式很多，其中，以铧式犁应用最广。铧式犁的种类按动力可分为畜力犁和机力犁；按用途可分为旱地犁、水田犁、山地犁、特种用途犁；按与拖拉机挂接方式分为牵引犁、悬挂犁、半悬挂犁。

一、铧式犁的类型及特点

（一）牵引犁

牵引牵是机力犁中发展最早的一种形式。图3-1为带液压升降机构的牵引犁，由牵引装置、犁架、犁轮、小前犁、圆犁刀、液压升降机构和调节机构等部件组成。犁和拖拉机通过牵引装置连接在一起。犁架由3个轮子支撑。沟轮在前一行程所开出的犁沟中行走，地轮行走在未耕地上，尾轮行走在最后犁体所开出的犁沟中。这种犁由于整机较笨重，机构复杂，作业效率较低，因此其应用已逐渐减少。

（二）悬挂犁

悬挂犁通过悬挂架的上悬挂点和两个下悬挂点与拖拉机悬挂机构上下拉杆相铰接，构成一个机组。运输时，将犁悬挂在拖拉机上。根据拖拉机液压系统的不同形式，犁的耕深可由限深轮或拖拉机液压系统来控制。悬挂轴的两端为曲拐轴销。操纵手柄用以转动悬挂轴，可进行耕宽等调节。有的悬挂犁是在

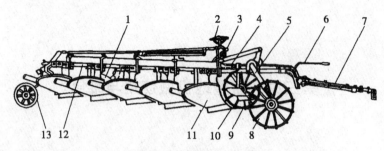

图 3-1　液压式牵引犁
1. 圆犁刀　2. 水平调节机构　3. 耕深调节机构　4. 油缸
5. 沟轮转臂　6. 油管　7. 牵引装置　8. 沟轮　9. 地轮
10. 小前犁　11. 主犁体　12. 犁架　13. 尾轮

左下悬挂臂上装有耕宽调节器，转动调节器手柄伸缩左悬挂销，可改变耕宽。这种形式结构紧凑，调节时直观简便。

悬挂犁是继牵引犁之后而发展起来的，在生产中应用最广的一种机型。与牵引犁相比，其优点如下。

（1）大大减少犁的金属用量，悬挂犁的重量比同样耕幅的牵引犁轻 40%~50%。

（2）机动性强，机组转弯半径等于拖拉机的转弯半径，由于缩短了转弯时间（尤其是在小块田地），使生产率大为提高。

（3）对拖拉机驱动轮的增重较大，减小驱动轮的滑转率，有利于拖拉机功率的充分发挥。

（4）由于取消了地轮、沟轮和尾轮及起落机构等容易磨损的部件，所以犁的使用寿命较长，且维护保养方便。

悬挂犁在运输状态下，犁的重量全部由拖拉机承担，因此犁越重或重心越靠后，拖拉机的纵向稳定性和操向性越差。这样一来，就限制了犁的结构长度不能过大，犁体数不能过多。

（三）半悬挂犁

半悬挂犁的前端通过悬挂架与拖拉机液压悬挂系统相连，犁的后端设有限深轮及尾轮机构。由工作位置转换到运输位置时，犁的前端由液压提升器提起，当前端抬升一定高度后，通过液压油缸，使尾轮相对于犁架向下运动，于是犁架后部即被抬升。这样犁出土迅速，地头耕深一致。当到达运输状态后，犁的后部重量由尾轮支承。尾轮通过操向杆件与拖拉机悬挂机构的固定臂连接，当机组转弯时，尾轮自动操向。犁的耕深由拖拉机液压系统和限深轮控制。

半悬挂犁性能介于牵引犁和悬挂犁之间，但比牵引犁结构简单，重量减少30%，机动性、牵引性能与跟踪性较好。其比悬挂犁可配置较多的犁体，运输时，改善了机组的纵向稳定性。

二、铧式犁的组成

（一）工作部件

铧式犁的工作部件主要有主犁体、小前犁和犁刀。有的犁还有深松铲和灭茬器等辅助工作部件。在各种不同类型的犁上，工作部件的构造大致相同。

（二）辅助部件

辅助部件因犁的种类不同而有很大的差异。悬挂犁的辅助部件主要有犁架、悬挂架和悬挂轴、调节丝杠、限深轮、支撑杆和安全装置等。

犁架用来安装犁体或其他部件，组成整体，并传递动力，带动犁体工作。如果犁架变形，犁便不能正常工作，影响耕地质量。

悬挂架安装在犁架前端，由两根支杆、斜拉杆和牵引板组成，三者用螺钉固定在犁架上。悬挂轴安装在牵引板上，其两端拐轴互差180°，为两个下悬挂点，分别与拖拉机悬挂机构的左右下拉杆相连接。在正常耕地时，应使右拐轴向下，左拐轴向上。当犁偏斜时，可转动手柄，通过调节丝杠转动悬挂轴对犁进行调整。支杆上端的挂接孔为上悬挂点，用来与拖拉机的上拉杆相连接。

限深轮用来调节耕深，只适用于高度调节时使用，转动限

深轮的调节丝杠，使轮子升降以调节耕深。如采用力调节或位调节时都不需用限深轮调节耕深，这时可将它升到最高位置。

安全装置的作用是当犁体碰到石块、树根或其他障碍物时，能使之安全越过，避免造成犁的损坏。安全装置的种类很多，有整体的、单体的；自动的、半自动的；机械式的、液压式的等。

三、犁耕机组的使用

（一）犁的调整（以悬挂犁为例）

1. 入土性能的调整

犁的入土性能是否良好，直接关系耕地质量和生产效率。犁的入土性能常以入土行程作为评价指标。入土行程通常是指最后一犁铧从铧尖着地至犁铧达到要求耕深时所前进的距离。犁的入土行程越短，表明其入土性能越好，在耕小地块时尤为重要。多铧犁总入行程较长，为减少耕地头的时间及提高耕地质量，欲使犁及时入土，可采取缩短悬挂机构上拉杆的办法增大犁的入土角，以缩短入土行程。入土角是指铧尖落地时，犁底平面与地平面间的夹角，入土角 α 一般取 $5°\sim8°$。

缩短上拉杆的长度，会影响前后犁体耕深的一致性，应彼此兼顾，在前后犁体耕深一致的前提下，尽量缩短上拉杆的长度，缩短入土行程。

2. 耕深调整

总的来说，耕深调节方法有 3 种，即高度调节、力调节和位调节，因拖拉机的液压系统不同而异。

3. 犁的水平调整

耕地时，犁架前后左右应保持水平，才能使耕深一致。左右水平用悬挂机构的右提升杆来调整，前后水平用上拉杆调整，同时要兼顾入土行程。

4. 耕宽调整

耕地时，犁应当保持正确的直线行进状态，并使耕宽符合规定。如果犁架在水平面内倾斜，耕宽就会变大或变小，造成漏耕或重耕并增加牵引阻力，加速犁的磨损。犁相对于拖拉机的横向位置不当，也会使第一铧漏耕或重耕。耕宽调整就是通过调整第一铧的实际耕宽，使其符合要求，并使犁的总耕宽达到规定尺寸，不重耕、不漏耕。调整的方法一般是转动悬挂轴。当第一铧漏耕（耕宽偏大）时，转动悬挂轴，使犁作顺时针方向偏转，铧尖偏向已耕地，犁架后部向未耕地方向移动，则犁侧板向未耕地的压力增大。当犁行进时，土壤的水平反力将推动犁侧板向已耕地方向移动，克服漏耕。如作反向调整，则耕宽增加，克服重耕。

经上述调整后，如仍有漏耕或重耕，或者在耕烂泥田时，因土壤反力太小，采用上述方法难以进行调整，则可横向移动悬挂轴，直接改变第一犁铧相对于拖拉机的位置，以克服漏耕或重耕。

（二）耕地作业的行走方法

耕地机组的基本行走方法有内翻法和外翻法两种（图3-2）。

1. 内翻法

内翻法又称闭垄翻法。机组的第一行程由耕区中线的左侧入区，犁体使土垡向中线扣翻，第二行程从耕区的另一端中线的右侧入区，土垡仍扣向中线。如此机组按顺时针方向绕中线向内翻垡，最后在地边收墒。

内翻法在耕区中线处形成闭垄，在耕区两侧各形成半个开垄。开始几个行程机组在地头的转弯半径大于耕幅，称为有环节转弯。

2. 外翻法

外翻法也称开垄翻法。机组第一行程，由耕区右边入犁。土垡向耕区外侧扣翻。机组逆时针方向，由耕区两边向中间绕

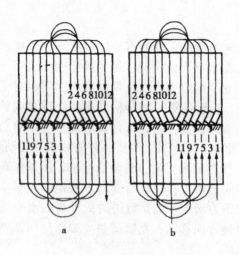

图 3-2　耕地作业的行走方法

a. 内翻法　b. 外翻法

行,最后在耕区中间收墒。

外翻法在耕区两侧边各形成半个闭垄,在中间形成开垄。耕地时,可以单独选用某种方法,也可将两种方法组合成新的耕法。如果组合的好,可以大大减少闭垄和开垄的数目,增加地面平整程度,也可缩短地头转弯的空行程。

(三) 耕地质量检查

耕地质量检查的目的是及时发现问题和解决问题,以保证耕地质量符合农业技术要求。检查内容如下。

1. 耕深

若在已耕地上检查,由于检测时土壤已被疏松,因此实际耕深为实测深的 80%,若耕深不符合要求,应重新调整犁的耕深。

2. 地表平整度

若每个行程接合处地表都有高起或低凹现象,说明有重耕或漏耕，应进行耕宽调整。若接合处间或出现高起或低凹现象时，说明是由驾驶员操作不当引起的，应提高驾驶技术。

3. 覆盖严密程度

若耕后地表露有杂草或残茬时，说明土垡扣垡不严或产生了立垡、回垡现象。应加装小前犁或调整耕作速度或调整耕深，最后查看地头耕翻得是否整齐。

第二节 整地机械

耕地后土垡间存在着很多大孔隙，土壤的松碎程度与地面的平整度还不能满足播种和栽植的要求。所以必须进行整地，为作物的发芽和生长创造良好的条件。在干旱地区用镇压器压地是抗旱保墒，保证作物丰产的重要农业技术措施之一。有的地区应用钉齿耙进行播前、播后和苗期耙地除草。

一、整地的目的

改善土壤结构。使作物根层的土壤适度松碎，形成良好的团粒结构，以便吸收和保持适量的水分和工期，有利于种子发芽和根系生长。

消灭杂草和虫害。将杂草覆盖于土中，使蛰居害虫暴露于地面而死亡。

将作物残茬以及肥料、农药等混合在土壤内以增加其效用。

平整地表或做成某种形状，以利于种植、灌溉、排水或减少土壤侵蚀。

将过于疏松的土壤压实到疏密度，以保持土壤水分并有利于作物根系发育。

改良土壤。将质地不同的土壤彼此易位。例如，将含盐碱较重的上层移到下层，或使上中下三层相互之间易位以改良土质。

二、耕整地作业的农业技术要求

土壤的耕作分为传统耕作和保护性耕作两种。前者主要为种子的发芽和作物生长创造良好的条件；后者是为保持土壤水分、防止水土流失、减少能耗和人工而发展起来的一种耕作方法。

耕地作业的农业技术要求如下。

1. 耕深

应随土壤、作物、地区、动力、肥源、气候和季节等不同而选择合理的耕深。

2. 覆盖

良好的翻垡覆盖性是铧式犁的主要性能指标，要求耕后植被不露头回立垡少。对水田旱耕，要求耕后土垡架空透气，便于晒垡，以利于恢复和提高土壤肥力。

3. 碎土

耕后土垡松碎，田面平整。

三、悬挂犁的使用

（一）犁的调整（以悬挂犁为例）

1. 入土性能的调整

犁的入土性能是否良好，直接关系到耕地质量和生产效率。犁的入土性能常以入土行程作为评价指标。入土行程通常是指最后一犁铧从铧尖着地至犁铧达到要求耕深时所前进的距离。犁的入土行程越短，表明其入土性能越好，这对耕小地块尤为重要。多铧犁总入土行程较长，为减少耕地头的时间及提高耕地质量，欲使犁及时入土，可采取缩短悬挂机构上拉杆的办法增大犁的入土角，以缩短入土行程。入土角是指铧尖落地时，犁底平面与地平面间的夹角，入土角一般取 5°~8°。

2. 耕深调整

总的来说，耕深调节方法有三种，即高度调节、力调节和位调节。因拖拉机的液压系统不同而异。

（1）高度调节。适用于分置式液压系统拖拉机，犁的耕深靠限深轮来调节，限深轮距犁体支持面的高度即为耕深。

（2）力调节。适用于整体式液压系统中，用力调节手柄来操纵犁的位置高低。当放在不同位置时，就可得到不同的耕深。

（3）位调节。适用于半分置式液压系统，所谓位调节就是通过液压悬挂系统控制犁和拖拉机的相对位置来调节耕深。

3. 耕宽调整

耕地时，犁应当保持正确的直线行进状态，并使耕宽符合规定。如果犁架在水平面内倾斜，耕宽就会变大或变小，造成漏耕或重耕并增加牵引阻力，加速犁的磨损。犁相对于拖拉机的横向位置不当，也会使第一铧漏耕或重耕。耕宽调整就是通过调整第一铧的实际耕宽，使其符合要求，并使犁的总耕宽达到规定尺寸，不重耕、不漏耕。调整的方法一般是转动悬挂轴。当第一铧漏耕（耕宽偏大）时，转动悬挂轴，使犁作顺时针方向偏转，铧尖偏向已耕地，犁架后部向后部未耕地方向移动，则犁侧板向未耕地的压力增大。当犁行进时，土壤的水平反力将推动犁侧板向已耕地方向移动，克服漏耕。如作反向调整，则耕宽增加，克服重耕。

四、圆盘耙的类型

（一）按机组挂接方式分类

圆盘耙按机组挂接方式分为牵引式、悬挂式和半悬挂式三种。重型圆盘耙多为牵引式或半悬挂式；中型和轻型圆盘耙多为悬挂式，也有牵引式或半悬挂式。宽幅圆盘耙仍以牵引式为主。牵引式圆盘耙地头转弯半径大，运输不方便，适于大地块作业。悬挂式圆盘耙配置紧凑，机动灵活，运输方便，适应性

较强。

（二）按机重与耙片直径分类

圆盘耙按机重与耙片直径分重型、中型和轻型三种。

（1）重型圆盘耙耙片直径为 660 毫米，单片机重（机重/耙片数）为 50~65 千克。适用于开荒地、沼泽地等黏重土壤的耕后碎土，也可用于黏壤土的灭茬耙地。每米耙幅的牵引阻力为600~800 千克。耙深可达 18 厘米。

（2）中型圆盘耙耙片直径为 560 毫米，单片机重为 20~45千克。适用于黏壤土的耕后碎土也可用于一般壤土的灭茬耙地。每米耙幅牵引阻力为 300~500 千克。耙深可达 14 厘米。

（3）轻型圆盘耙耙片直径为 460 毫米，单片机重为 15~25千克。适用于一般壤土的耕后碎土也可用于轻壤土的灭茬耙地。每米耙幅牵引阻力为 250~300 千克。耙深可达 10 厘米。

（三）按耙组的配置方式分类

圆盘耙按耙组的配置方式分单列式、双列式、对称式、偏置式、交错式等。

对称式排列的耙组位置左右对称，圆盘的方向相反（面对面或背靠背）。作业时，在中缝处留有残沟或土埂，须用弹性齿铲搂平。交错式排列，则可大为改善。双列式排列时，后列耙组的耙片正处于前列耙组的相邻两圆盘之间，彼此错开，这样可使同一耙组上的圆盘间距增大一倍以避免泥土堵塞，这也是一般圆盘耙组都排成前后两列的原因。有些圆盘耙为避免在地面上留下一条沟痕，影响播种，常在两侧最外边加一个直径较小的耙片，它具有填平耙沟和刮平土埂的作用。

五、圆盘耙的构造

圆盘耙构造大致相同，主要由耙组、偏角调节机构、耙架、牵引架（或悬挂架）等组成。牵引式耙上还有起落调平机构及行走轮等。

（一）耙组

耙组是圆盘耙的工作部件，耙组由装在方轴上的若干个耙片组成。耙片通过间管而保持一定间隔。耙片组通过轴承和轴承支板与耙组横梁相连接。为了清除耙片上粘附的泥土，在横梁上装有刮土铲。

耙片为一球面圆盘，耙片凸面周边磨刃，分全缘耙片和缺口耙片两种。缺口耙片在耙片外缘有 6～12 个三角形、梯形或半圆形缺口。缺口耙片的缺口部位也磨刃。缺口耙片入土能力强，也易于于切断残茬，适用于黏重土壤和荒地。重型耙多采用缺口耙片；轻型耙则用全缘耙片；中型耙常用二者的组合，前列用缺口耙片，后列用全缘耙片。

（二）耙架

耙架用来安装圆盘耙组、调节机构和牵引架（或悬挂架）等部件。有铰接耙架和刚性耙架两种。有的耙架上还装有载重箱，以便必要时加配重，以增加或保持耙深。

第三节　旋耕机

随着我国农业机械技术的不断提升，农业生产的过程变得更加高效与轻松。耕整地作业作为农业生产的必须工作，有多种农业机械可供选择和使用，旋耕机作为动力型的耕整地机械，能够很好地满足耕地土壤的翻耕作业要求，并显著提高土壤的透水和透气性，从而为农作物的生长创造有利的条件。旋耕机的作业能力和效率与驾驶员的操作技术和维修保养观念息息相关，不规范的操作与维修也会导致翻耕土壤质量变差，同时会影响机械零件的使用寿命。因此，研究与推广旋耕机的操作与故障维修方法对优化旋耕整地作业质量具有现实意义。

一、旋耕机的种类特点

旋耕机按照结构形式大体可分两类，一是横轴式旋耕机，是农业生产中使用较多的旋耕机，其具备较强的翻耕能力，能够较好的细碎土壤，并将土壤中残留的农药化肥均匀混合。横轴式旋耕机作业后的土壤表面平整度较好，能够满足普通播种和水田插秧的农艺要求，且由于作业效率高，有利于农民抢农时，为农业生产提供更多的时间保证。横轴式旋耕机的缺点是耕层较浅，且对残茬和杂草的覆盖能力较弱，同时需要较高的动力匹配。二是立轴式旋耕机，主要应用于水田作业使用，作业中能够有效破碎水田表面的坚硬土壤层，且能够起到良好的泡田翻浆效果，由于多应用于水田，因此使用范围相对较小，且因结构限制，单次作业的面积较小，覆盖性能相对较差。

二、旋耕机的操作与保养

（一）规范操作

（1）规范起步与行驶。首先，在结合动力前必须要保证旋耕机处于升起状态，结合动力后需等到旋耕机的转速达到预定转速后，方可起步并将机具下降。其次，起步后应按要求匀速行驶，速度不可过快，以保证对土壤良好的翻耕和细碎品质，同时更有利于保持农机具的使用寿命。再次，在行驶过程中应密切观察旋耕机的运转状态，发现机具存在异常声响，应立即停车检查，排除故障后方可继续作业。最后，作业中还要注意观察碎土、翻耕及地表状态等参数，发现不合乎农艺要求，应适当调整参数后再继续作业。

（2）规范转弯。行驶中的旋耕机需要转弯时，应先停止作业并将旋耕机升起，在机具底部离开耕地表面到达安全高度后，方可采用较低的速度进行转弯，以免在转弯过程中对旋耕刀产生损害。注意在提升旋耕机过程中，万向节的运转倾角不可大于30°，以免在传动过程中产生较大冲击，引起零件故障或早期损坏。

（3）规范避障与道路转移。旋耕机行驶过程遇到较大沟壑、坑洼或障碍物时，应先将旋耕机升起到足够安全高度，再缓慢地通过沟壑、坑洼或绕过障碍物，以免较大颠簸造成机具损坏。同时在道路转移时应将升起的旋耕机可靠固定，以免转移过程中产生损坏。

（二）科学保养与维护

（1）在每次旋耕作业后应注意完成以下保养内容：①认真检查旋耕刀具有无破损，关键零件有无缺失，发现损坏和缺失应及时修理和补充；②检查重要传动位置的润滑状态，例如传动箱、万向节和轴承等部位是否缺油，保证关键部件处于良好的运转状态；③检查紧固螺栓、螺钉、定位销、开口销有无松动和丢失，发现问题应及时紧固和补充。

（2）在当年的旋耕作业任务彻底完成后，应注意对旋耕机进行以下保养后方可安置存放。①认真清洗旋耕机，去除表面沾染的泥土、灰尘、杂草等；②检查并更换破损的刀具和其他零件；③在易生锈的弯刀、花键轴等部位涂抹机油防锈；④将旋耕机拆卸下后，放置于水平地面，并适当垫起，适当遮盖，以免机具老化。

三、旋耕机的常见故障及处理

（一）脱挡故障

可能是由于啮合套定位弹簧弹力过小或折断；定向钢球槽轴向磨损大；拨挡槽和操纵杆球头磨损过度或牙嵌齿啮合面严重磨损等原因导致的。此时应注意检查和确定引起脱挡故障的具体原因，查明故障后再进行处理，及时更换失效或折断的定位弹簧；对啮合套定位钢球槽应进行修补加工或更换新件；对磨损的拨挡槽和操纵杆球头进行及时维修并妥善安装；对离合器啮合齿进行修复。

（二）耕作质量不佳

可能是由于以下几方面原因导致的：耕地土质过硬；旋耕刀片安装不正确；机具行进速度与刀轴转速不匹配。遇到这一

问题应首先检查耕地土壤质量，若土质过硬应适当降低旋耕机的行进速度与转速，以保证良好的松土和翻耕效果，其次检查旋耕刀片的安装是否正确，若不正确应重新安装，最后合理匹配行进速度与旋耕刀转速，保证良好的翻耕品质。

（三）作业中异响

旋耕机作业中的异响可能是犁刀轴两边刀片、左支臂或传动箱体变形后相互碰击；传动链条张紧失效导致链条和传动箱体产生碰撞；刀片固定螺钉松脱等原因导致的。此时应当检查这几处位置的工作状态，发现问题后及时进行处理，矫正或更换严重变形零件，调整传动链条张紧度并将松脱螺钉拧紧。

第四节 深松机械

由两种或两种以上深松、耕、整地机具或部件组合在一起，一次作业可完成几种机具多次作业要求的机械，称为耕整联合作业机械，具有效率高、使用经济、对田地的压实小等特点，是耕整机械发展的方向。近年来，农业经济的发展在国民经济发展中占据着重要的位置，深松作业更加受到国家的重视。

一、机械深松整地联合作业机主要机型特点

（1）亚澳1SZL-220深松整地联合作业机，由西安亚澳农机股份有限公司生产，具有机具整机结构紧凑、安装调整方面可靠、单体优化组合、振动深松更省劲，前进速度高，效率高，无耕作拥堵、通过性强等特点。其主要部件圆盘、铲尖、翼铲由特殊耐磨材料制作，使用时间长。经西北农林科技大学土槽力学检测，深松效果相同条件下省功15%~45%。

（2）河南科技大学车辆与动力工程学院设计的旋耕深松联合作业机，配套机械动力29.4~36.7千瓦，采用先松后旋的作业方式。由深松铲总成、限深滑板总成、悬挂牵引架、传动箱总成、旋耕刀轴总成等组成。此机型深松深度在260~270毫米，

旋耕深度在130~140毫米。为确保深松宽度与旋耕宽度相匹配，在旋耕机的框形机架上对称配置3个深松铲，以保证往复行驶的准确性。深松铲采用仿生深松工作原理的研究成果来设计制造。

（3）1SD-3.0深松联合耕作机，由黑龙江深松联合耕作机课题组设计，适合大功率轮式拖拉机发展需要。此机型适合北方干旱、半干旱地区使用，可同时完成深松、浅松、碎土等工作。而且经作业后的田地，土层不乱，上破下松，播种效果更好。此机型带7个直弯型铲柄双尖凿形深松铲，深松范围220~350毫米，浅松附件铲尖采用双翼结构，与深松铲柄连接，配套动力为95.5~110.3千瓦轮式拖拉机，工作幅宽3 000毫米。

二、农业机械深松技术要求

（1）深松时间。应用于旱田整地，秋季深松能够很好储纳秋冬雨水，土壤毛管恢复时间长，提高春旱的防御。3年深松1次，深松间隔期，根据情况，因地制宜，灵活掌握。

（2）深松深度和间隔。如薄土层，沙土地不必深松。深度的确定一般以打破犁底层为原则，比现有耕作层加深5~10厘米，一般为25~35厘米，间隔应与当地农作物种植行距一样。

（3）深松方式。主要分为局部深松、全方位深松，其具体形式有全面深松、间隔深松、深松浅翻、灭茬深松、中耕深松、垄作深松、垄沟深松等。全面深松用深松机在工作幅宽上全面松土。一般来讲，以松土、打破犁底层作业为目的时常采用全面深松法。局部深松用杆齿、凿形铲进行间隔的局部松土。以打破犁底层、蓄水为主要目的时常采用局部深松法。目前使用最多的是局部深松作业，局部深松作业后，耕层内土壤呈疏松带与紧实带相间并存的状态，形成虚实并存的耕层结构，虚部在降雨或灌溉时可使水分迅速下渗；实部土壤毛细管则保证水分上升，满足作物生长需要。局部深松在调节耕层土壤水、肥、气、热状况等方面有良好的效果。

（4）深松质量。机械化深松作业后的地块要求达到"深、平、细、实"的要求做到田面平整，土壤细碎，没有漏耕，深浅一致，上实下虚，达到待播状态。

三、常见故障排除

（一）驱动型深松联合整地机的万向节十字轴损坏

万向节十字轴损坏，说明受到较大的外力作用，超出了其强度极限。主要原因为：动力输出轴与机具联接的倾角过大，工作时额外负荷会作用到万向节上，造成传动轴十字轴损坏；十字轴缺油，烧坏十字轴轴承；作业时，机具猛降入土，万向节受到较大的冲击载荷；万向节传动轴左右摆动过大，加大十字轴的负荷。故障排除方法如下。

（1）一般要求作业时，万向节传动轴的倾角不超过10°，若超过15°，说明机具的配套不好，应从以下方面解决：①选配较长万向节传动轴，以减少倾角。②调整机具的悬挂位置或长度，将机具前部稍调高些，可以改善联接状态。③用户在购置机具时，一定要注意了解机具对配套拖拉机的要求，选择合适的万向节传动轴长度。配套108.8千瓦（80马力）以上拖拉机时，选择机具中间齿轮箱应为高箱产品，以保证机具配套合理。

（2）万向节传动轴要按照维护保养规定，及时加注黄油。一般每班次加注1次。作业时注意检查传动轴的温升情况，防止过热。

（3）机具操作时，应该先将旋转工作部件下降到离地20厘米，再接合动力，平稳加油，缓慢入土。不得猛降入土，或猛轰油门，以避免对机具造成冲击。

（4）万向节传动轴左右摆动过大，可以在使用前调节拖拉机的左右限位链。

（二）驱动型深松联合整地机刀轴转动不灵活或不能转动

驱动型深松联合整地机出现刀轴转动不灵活或不能转动故

障，说明刀轴受到较大的阻力。主要原因为：刀轴上缠绕杂物，导致转动阻力加大；锥齿轮、锥轴承间隙过小卡死，会影响刀轴转动灵活性；齿轮间卡入杂物，如轴承损坏后残体、箱体中掉入异物，导致齿轮卡死不能转动；刀轴受力过大后变形，导致刀轴支撑轴承不同心，转动阻力加大。故障排除方法如下。

（1）作业时，发现刀轴缠绕杂物，应及时停机，拖拉机熄火后，清理刀轴杂物。

（2）若是锥齿轮间隙或锥轴承间隙过小，导致刀轴转动不灵活，可松开锥齿轮、锥轴承两侧轴承座的紧固螺栓，再转动刀轴。若转动变灵活，就说明是此原因导致转动不灵活，可按前述调整方法，加减纸垫调整；若变化不大，则可排除此原因。

（3）若齿轮间卡入异物，一般表现为转动明显困难，或转动时，箱体中有异响，必须立即停机，防止故障进一步扩大，损坏箱体或齿轮。将拖拉机熄火，把机具下降放在地面上支稳，打开齿轮箱盖检查，必要时还要排净箱体中的润滑油。有异物，先清除箱体异物；若轴承损坏，则更换新轴承。

（4）判断刀轴是否同心，可以通过检查刀轴与轴承座之间的间隙大小，确定刀轴是否同心。方法为：若刀轴轴颈与轴承座接触处四周间隙明显不均，作业时，刀轴跳动比较明显，说明刀轴不同心，必须及时进行矫正。若只是转动不灵活，不同轴度较小，在排除其他原因后，可以进行热矫正。修理方法为：将机具提离地面，接合动力，使刀轴慢慢转动，可以在刀轴两侧焊合处加热，消除焊接应力，矫正刀轴的同轴度；若刀轴变形比较明显，不能转动，在排除其他原因后，必须拆下刀轴，采用液压矫正，必要时还要辅以加热。

第五节　微耕机

在我国广袤的土地中，山区、丘陵占全国土地面积的 2/3 左右。长期以来，我国山区、丘陵地区的耕种，都依赖于耕牛和人力，这种传统的方法效率低下。现在，针对山区及丘陵地带农田地块小的特殊环境研制出的新型水、旱两用多功能系列微耕机，极大地提高了耕作效率，最大限度短了耕作时间，省工、省时、省力，是耕作领域的一次革命。

一、认识微耕机

使用前，我们要认识微耕机的各大主要部件和功用。

微耕机的结构简单，主要有发动机、变速箱总成、扶手架总成、行走轮、耕作机具五大部分组成。

（一）发动机

发动机是微耕机工作时的动力来源。按使用燃油的不同，可分为柴油机和汽油机两大类。两种动力的微耕机在使用上没有多大的区别；柴油微耕机的动力比汽油微耕机的动力要大一些；汽油微耕机的轻便灵活性比柴油微耕机要好一些。

对于使用者来说，发动机上经常使用的部件如下。

柴油发动机上有水箱及加水口和放水阀门、柴油箱及加油阀门和放油阀螺丝、燃油阀门、机油注入口和标尺、机油放出口螺丝、空气滤清器、排气筒、高压油嘴、减压阀、启动口和摇手柄。

汽油发动机上有汽油箱及加油阀门、空气滤清器、汽油化油器和放油螺丝、燃油阀门、阻风阀门、机油注入口和标尺、机油放出口螺丝、排气筒、高压线和火花塞、启动器和拉绳。

（二）变速箱总成

发动机的动力由皮带连接传输到变速箱总成上部的主离合器，通过主离合器输入变速箱，经变速箱的变速传动，再经过驱动轴传给行走轮，从而推动微耕机行走。变速箱总成下部的转向离合器，可控制行走轮的行走方向。变速箱总成上还安装有换挡操纵杆，微耕机一般都装配有 3 个挡位或 4 个挡位，一个前进慢挡，一个前进快挡，一个空挡，有的还装配有一个倒挡，还有传动皮带、皮带轮和皮带轮罩。变速箱的上部有齿轮油加注口，下部有齿轮油放出口。

（三）行走轮

行走轮安装在变速箱总成下部的驱动轴上。发动机的动力经变速箱传给行走轮，推动微耕机工作。

在路上行走，可使用道路行走轮；在耕作时，使用耕作行走轮。

（四）扶手架总成

扶手架是微耕机的操纵机构。

1. 主离合器操作杆

拉动主离合器操作杆到"离"的位置，即可切断发动机与变速箱的动力联系；推动主离合器操作杆到"合"的位置，即可连接发动机与变速箱的动力。

2. 油门手柄

油门手柄用于调节发电机的转速，即调节油门的大小。

3. 启动开关（即点火开关）

汽油动力的微耕机还安装有启动开关，用于切断或连接汽油发电机的点火用电。汽油发动机停止不工作时，将启动开关转到"停"的位置；汽油发动机工作时，将启动开关转到"开"的位置。

4. 转向离合器手柄

握住左边转向离合器手柄，可实现微耕机的左转弯。

握住右边转向离合器手柄，可实现微耕机的右转弯。

5. 扶手架调整螺丝

在扶手架总成与变速箱总成连接的地方，有一个调整扶手架高低的调整螺丝，可根据微耕机操作者个头的高矮，来调节扶手架的高低。

（五）耕作机具

微耕机耕作所常用的耕作机具主要有犁铧总成、钉子耙总成、水田旋耕轮、旱地旋耕刀具、开沟器、阻力棒等，可根据不同的用途，选择适合的耕作机具。

二、微耕机的耕作

微耕机的配套工作方法很多，在这只介绍几种常用的耕作方法。

（一）微耕机的移动

微耕机的体积小、重量轻、移动方便。在较远距离的运输时，可用小货车或三轮车运输。

在短距离的大小道路上行走时，可装上橡胶行走轮行走。

安装行走轮时，在熄火停机状态下，先将机车往一边横向倾斜30°左右，将行走轮的销孔对准变速箱驱动轴的销槽，套上行走轮后，花键轴的销孔和花键套销孔的位置对齐，插上销子，再锁上 R 销。注意，左右行走轮不能装反。

在行走时，不能用铁轮或悬耕刀具代替橡胶轮在硬地上行走，也禁止在公路上长距离行走。

在田间地头，可换上耕作行走轮行走或耕作。

在35°左右的坡地上作业时，无需田间作业机耕路，就能自行爬坡上坎。

机器在转点时，以两个人抬着走较好。

（二）犁田耙地

针对泥土较硬的水田，板结的干田和旱地，要安装配套的"双向犁铧"进行犁田翻地。

"双向犁铧"由牵引杆与变速箱总成的牵引框相连接。连接时，先取下牵引框上的牵引销，将犁铧的牵引杆放入牵引框内，插上牵引销，再锁上 R 销。

犁铧片后面直立的操纵杆，用于变换犁铧翻耕面的方向。

犁铧片后面两边的调节定位螺栓，用于调节犁壁的倾斜度和耕幅的宽度。

犁铧弯头上方的旋转调节手柄，用于调节翻耕的深度。

梨铧牵引杆上的插销组合，用于调节犁铧的偏移角度，将插销组合拉出，根据角度和深度调节支撑上3个孔来实现犁铧向左或向右的偏移，实现田边地角的耕作，也实现田埂的绞边和堵漏。

犁地时，换上铁轮和犁铧。

1. 犁耕水田

犁耕水田时，水田应保持3~5厘米的水深。

水田的烂泥深度应小于25厘米。

刚下田耕作时，要用慢挡行走，边走边检查并调整耕作的深度和幅度；待调整适应后，再换快挡耕作。

快挡耕作的效率可达到每小时0.8亩左右，两人换班耕作而不累。一般从田埂边开始翻耕；调节犁铧的偏移角度，让犁铧垂直地犁过田埂边，并绞边和堵漏。

耕作到地头时，抬起犁铧，搬动犁铧翻耕面方向的操纵杆，抖掉犁铧面上的泥土，变换犁铧面方向，然后让机车原地调头，让一侧驱动轮始终要压在前次的犁沟内，才能保证耕幅与耕幅之间不漏耕。

微耕机牵引铧犁作业时，一侧驱动轮在未耕地上，另一侧驱动轮在犁沟内，两轮与地面间的附着系数不同，致使机车常向一个方向偏驶。操作者可向另一边移动身体，以自身的体重来平衡机车。

通过烂泥特别深的局部区域时，操作者可将扶手架向上提一点，以减少犁铧的耕深，以免陷车。

当发生陷车时，应先停车，挂上倒挡，抬起犁铧，即可退出。

在通过低矮的田埂时，要把整机正对田埂，减小油门，缓慢地通过田埂；千万不能加大油门猛冲，以免发生翻车事故。

整块水田翻耕完后，卸下犁铧与机车连接的牵引销，犁铧与机车分离。

换上钉子耙，耙碎泥块，耙平整块水田。

2. 犁耕干田和旱地

泥土板结的干田和旱地，一般都要用犁铧翻耕；方法与犁耕水田基本相同，只是干田和旱地应采用慢挡耕作。

（三）旋耕旱地

一般较松软的旱地，都可使用旋耕刀进行旋耕作业。

卸下行走轮，换上旋耕刀具。

安装旋耕刀具时，左右两个旋耕刀，左右不能调换，前后刀面不能装错；刀片薄的一面朝外，厚的一面朝向扶手架。在安装时，第一把刀必须对齐，刀片左右应对称平衡，销孔对准销槽，旋耕刀上花键轴的销孔和驱动轴上花键套的销孔的位置对齐，套上悬耕刀具后，插上销子，再锁上 R 销。

在机车的牵引框处，安装调节深浅和平衡机身的阻力棒。阻力棒向下伸长调节，就增加耕作的深度。

微耕机牵引旋耕刀进行旋耕作业时，一般用慢挡行走。

在耕作时，双脚要呈"八"字形行走，以增加操作的稳定性；两手把握扶手架，以 20 厘米左右的幅度左右摆动，主要目的是，通过刀具的左右摆动，弥补机车中间变速箱所占位置，以免漏耕；同时也可以增加耕幅的宽度。

旋耕旱地时的耕幅宽度可达 1. 2 米。

旋耕旱地时的耕作效率可达到每小时 1 亩左右。

机车偏移时，应尽量不使用转向离合器纠偏，而是用推拉扶手架的方法纠偏。

耕作到地头时，先转 90°的弯，向前耕作一个机车的宽度，再 90°转弯，继续耕作，这样才不至于漏耕。

灵活操作，各种狭小地块，田边地头都能耕到。

（四）旋耕水田

大多数泡软的水田，都可使用旋耕轮进行旋耕作业。

卸下行走轮，换上旋耕轮。

安装旋耕轮时，左右两个旋耕轮不能上错；旋耕轮的叶片朝向要向着扶手架；旋耕轮的花键槽与驱动轴相对应，旋耕轮的花键槽的销孔要与驱动轴上的销孔相对应，然后装上旋耕轮，插上插销，再锁上 R 销。

在机车的牵引框处，安装调节深浅和平衡机身的阻力棒。

旋耕水田时，水田应保持 5～10 厘米的水深。

刚下田耕作时，要用慢挡行走，检查并调整耕作的深度；待调整适应后，再换快挡耕作。

旋耕水田时的耕幅宽度可达 1.2 米。

旋耕水田时的耕作效率可达到每小时 1.2 亩左右。

（五）开沟作业

用旋耕轮或旋耕刀或行走铁轮行走，在机车的牵引框处，安装开沟器，通过调节深浅的开沟器，在田地中开出各种沟，效率极高。

微耕机的使用范围非常广泛，我们只介绍了以上这些基本的使用方法。希望广大农民朋友能认真体会，让这种新型农用机器给朋友们带来丰收的喜悦。

第四章 播种机械使用与维修

播种机械就是以作物种子为播种对象的种植机械。用于某类或某种作物的播种机，常冠以作物种类名称，如谷物条播机、玉米穴播机、棉花播种机和牧草撒播机等。

第一节 水稻插秧机

一、插秧机的使用与操作

插秧机在正式插秧前，机组人员事先必须经过专门的培训，认真阅读《安全使用插秧机须知》。充分了解插秧机的性能和调整使用方法，熟悉驾驶和装秧技术。

插秧机在正式插秧前，必须试插，认定符合农艺要求后，方可投入正式插秧工作。

起动发动机必须按如下顺序进行：检查柴油机的柴油及机油是否充足；打开油路开关，开启油门；检查总离合器是否在分离位置，变速杆是否在空挡位置；减压、启动发动机。

在路面行走要按如下先后顺序进行：观察前后、左右是否安全，检查栽植臂是否升起；根据路面情况选择挡位，慢慢加油并接合总离合器；严禁不停车换挡，齿轮不对牙时不要强行挂挡；路面不好不允许使用高速挡，特别注意不要碰坏秧门；过水渠或超过 500 毫米的大田埂时应搭上木板，不许强行通过；到达作业地点后，选择好进地路线，拆下尾轮，换上叶轮用慢挡进地。

装秧和补充装秧要按下列操作方法进行。

第一，使用盘育秧苗时，要用手轻轻把秧片一头提起，插入运秧板取出秧片，注意不要把秧片弄碎或把秧苗折断。空秧箱装秧时，应把秧箱移到一侧，在分离针空取秧 1 次后加入秧片。

第二，秧片要紧贴在秧箱底面上，不要在秧门处拱起，压秧杆应与秧片有 5~6 毫米的间隙。

第三，秧箱里秧苗到露出送秧轮之前就应及时续秧，否则插秧量会明显减少。加秧时，秧片接头处要对齐，不要留空隙。装、加秧片时要让秧片自由滑下，必要时可适当注水在秧箱与秧片间，不要用手推压秧片，防止秧片变形，影响插秧的均匀度。

第四，一片 580 毫米×280 毫米的标准秧片，一般都能插到 50 米以上的距离，所以装秧手的动作要从容，不要紧张。一个秧片装不下时，不要随意撕断秧片，而应把装不进秧箱的部分卷起放在秧箱上（不要折叠），在秧片自由下滑有了空位置后再铺开。

第五，休息或长时间停止插秧时，应将秧箱内剩余秧苗取出，清洗秧箱和秧门，清除送秧轮上缠绕的秧苗根，并检查取秧量是否一致。

第六，插秧工作中的安全规则：插秧过程中，不许碰各旋转部分，严禁不停机清理秧门。

遇到有杂物卡住分离针时，应立即停机取出杂物并清除没有插下的剩秧，再进行插秧。

第七，田间驾驶方法：下水田前要考虑行走路线和转移地块的进出路线，尽量减少人工补苗面积。2ZT-9356 型水稻插秧机插秧行走和进出地路线可参考下图所示。2ZT-7358 型水稻插秧机则只要将下图中的 1.8 米改为 1.9 米即可。

插秧机开行时，靠田边应留出一幅插秧机的作业宽度1.8 米（1.9 米），要求插秧机开行开得直，邻接行间距一致。插秧作业时，应将船板挂链放松，以保证插秧深浅一致，严禁高吊船

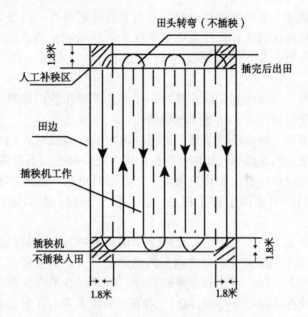

田头转弯（不插秧）

插完后出田

人工补秧区

田边

插秧机工作

插秧机
不插秧入田

1.8米

1.8米

1.8米

1.8米

图　插秧行走线

板作业。

为使地头插得整齐，两头各留下一幅插秧机的作业宽度1.8米（1.9米），转弯时要先分离定位分离手柄，再分离主变速手柄，转弯时，如不分离主变速手柄，就可能损坏万向节。

当插到最后第二行程时，所剩的秧田不足插秧机一个作业宽度时，预先取出靠外边一个或几个秧箱内的秧苗（或用挡秧杆），使插秧机相应少插一行或几行秧苗，使最后留下一整幅作业宽度的未插秧田，以便最后圈边时插秧作业。

圈边时要注意行走路线，并注意秧门不要被田埂碰坏。

插秧机陷住时，要抬船板，不允许抬工作传动部件。必要时，可在地轮前加一木杠，使插秧机机头自行爬出。

一天作业结束后，要清洗机器表面，进行保养，最后用塑料布将发动机盖好。

二、插秧机的维护保养

（一）每班技术保养

检查发动机机油油尺，若发现缺油立即添加；清洗插秧机各部泥污；检查并向栽植臂注润滑油；检查各部螺栓，特别是栽植臂夹紧螺栓；检查取秧量。

（二）作业技术保养

要做每班保养的全部项目：检查链轮箱、移箱器的油面，必要时向箱内加注机油；检查各部是否漏油，并紧固螺栓；检查分离针与推秧器间隙，必要时校正或更换分离针；检查栽植臂内是否渗入泥水，如发现进泥，必须清洗并更换推秧器油封。

（三）作业结束的保养和保管

按柴油机说明书有关封存的要求保养发动机，并卸下入库；拆下秧箱，彻底清洗插秧机各部分；停机 1~2 天后，检查各部分有无进水，放出沉淀油，并加注润滑油；各部润滑部位充分注油；紧固各部螺栓并在螺栓上涂油防锈；在定位分离钢丝或软线间滴油防锈；为防止栽植臂推秧弹簧疲劳，栽植臂应处于推出状态；定位分离手柄放在分离位置；插秧机不要露天停放，最好停放在室内；插秧机不要与化肥等腐蚀性物质存放在一起，不允许在插秧机上堆放重物。

三、常见故障及排除方法

常见故障及排除方法见下表。

表　常见故障及排除方法

故障	产生原因	排除方法
地轮不转	1. 皮带轮打滑	1. 调节柴油机在机架上的相对位置来调整皮带松紧度
	2. 离合器打滑	2. 调整离合器
	3. 跳挡	3. 找出原因，予以排除

（续表）

故障	产生原因	排除方法
工作部件不工作	万向节销轴折断	更换销轴
安全离合器分离且有咔咔的响声	分离针在秧门口碰到石块、树根等异物，安全离合器被打开	清除异物，检查、维修或更换分离针
一组栽植臂不工作并无响声	链条活节脱落	重新上好链条活节
高速运转时一组栽植臂不工作并有响声	离合器弹簧力减弱	1. 加垫调整 2. 换件修理
推秧器不推秧或推秧缓慢	1. 推秧杆弯曲 2. 推秧弹簧弱或损坏 3. 推秧拨叉生锈或损坏 4. 栽植臂体内缺油 5. 分离针变形与推秧器间无间隙	1. 校正或更换推秧杆 2. 更换推秧弹簧 3. 除锈或更换推秧拨叉 4. 加注润滑油 5. 校正或更换分离针
推秧器推秧杆过分松动	1. 栽植部分的导套磨损严重 2. 取秧器内的锁紧螺母松动	更换导套 拧紧锁紧螺母
栽植臂体内进泥水	挡泥油封和骨架油封损坏或密封性能差	更换油封
栽植臂体内有清脆的敲击声	缓冲胶垫损坏或漏装	更换或补加缓冲胶垫
秧箱横向移动时有响声	1. 导轨和滚轮缺油 2. 滚轮和轴套磨损	1. 加注润滑油 2. 更换磨损件

（续表）

故障	产生原因	排除方法
秧箱两边有剩秧	1. 秧箱移箱合页座松动	1. 调整分离针与秧箱间隙后紧固
	2. 滑套、螺旋轴或指销磨损	2. 更换磨损件
纵向送秧失灵	1. 棘轮齿部磨损	1. 更换
	2. 棘爪变形或损坏	2. 更换
	3. 送秧弹簧弱或损坏	3. 更换
	4. 固定送秧凸轮与送秧轴连接用锁圈和钢丝销脱落	4. 重上钢丝销和锁圈
定位离合器失灵或分离时栽植臂抖动	1. 分离销插入长度不当或磨损	1. 调整分离销插入长度或更换
	2. 分离牙嵌与大锥齿轮分离不彻底	2. 拆下后将分离牙嵌端面磨去 0.5 毫米

第二节　播种机

一、几种典型的播种机

（一）条播机

条播机主要用于谷物、蔬菜、牧草等小粒种子的播种作业，常用的有谷物条播机。

用于不同作物的条播机除采用不同类型的排种器和开沟器外，其结构基本相同，一般由机架、牵引或悬挂装置、种子箱、排种器、传动装置、输种管、开沟器、划行器、行走轮和覆土镇压装置等组成。其中影响播种质量的主要是排种装置和开沟器。常用的排种器有槽轮式、离心式、磨盘式等类型。开沟器有锄铲式、靴式、滑刀式、单圆盘式和双圆盘式等类型。

条播机能够一次完成开沟、排种、排肥、覆土及镇压等工序。采用行走轮驱动排种（肥）器工作。作业时，由行走轮带动排种轮旋转，种子自种子箱内的种子杯按要求的播种量排入输种管，并经开沟器落入开好的沟槽内，然后由覆土镇压装置将种子覆盖压实。出苗后作物成平行等距的条行。

（二）穴播机

穴播机是按一定行距和穴距，将种子成穴播种的种植机械。每穴可播 1 粒或数粒种子，分别称单粒精播或多粒穴播，主要用于玉米、棉花、甜菜、向日葵、豆类等中耕作物，又称中耕作物播种机。每个播种机单体可完成开沟、排种、覆土、镇压等整个作业过程。

穴播机主要由机架、种子箱、排种器、开沟器、覆土镇压装置等组成。机架由主横梁、行走轮、悬挂架构成，而种箱、排种器、开沟器、覆土器、镇压器等则构成播种单体。播种单体通过四杆仿形机构与主梁连接，可随地面起伏而上下仿形。单体数与播行数相等，每一单体上的排种器由行走轮或该单体的镇压轮驱动。调换链轮可调节穴距。

工作时，由行走轮通过传动链条带动排种轮旋转，排种器将种子箱内的种子成穴或单粒排出，通过输种管落入开沟器所开的种槽内，然后由覆土器覆土，最后镇压装置将种子覆盖压实。

穴播机主要工作部件是靠成穴器来实现种子的单粒或成穴摆放。目前，我国使用较广泛的穴播机是水平圆盘式、窝眼轮式和气力式穴播机。2BZ-6 型悬链式播种机，是国内较典型的入穴播式播种机，主要用于大粒种子的穴播。

（三）精密播种机

以精确的播种量、株行距和深度进行播种的机械。具有节省种子，免除出苗后的间苗作业，使每株作物的营养面积均匀等优点。多为单粒穴播和精确控制每穴粒数的多粒穴播。一般在穴播机各类排种器的基础上改进而成。如改进窝眼轮排种器上孔型的形状和尺寸，使其只接受一粒种子并防止空穴；将排种器与开沟器直接连接或置于开沟器内以降低投种高度，控制种子下落速度，避免种子弹跳；在水平圆盘排种器上加装垂直圆盘式投种器，以改变投种方向和降低投种高度，避免种子位移；在双圆盘式开沟器上附装同位限深轮，以确保播种深度稳定。多粒精密穴播机是在排种器与开沟器之间加设成穴机构，使排种器排出的单粒种子在成穴机构内汇集成精确数量的种子群，然后播入种沟。此外，还研制了一些新的结构，如使用事先将单粒种子按一定间距固定的纸带播种，或使种子从一条垂直回转运动的环形橡胶或塑料制种带孔排入种沟等。

目前国内外播种玉米、大豆、甜菜、棉花等中耕作物的播种机多数采用精密播种，即单粒点播和穴播。一般中耕作物精密播种机的组成分为以下几部分。

（1）机架。多数为单梁式。各工作部件都安装其上，并支承整机。

（2）排种部件。种子箱和能达到精密播种的机械式或气力式排种器，包括可调节的刮种器和推种器。

（3）排肥部件。包括排肥箱、排肥器、输肥管和施肥开沟器。

（4）土壤工作部件及其仿形机构。包括开沟器、覆土器、仿形轮、镇压轮、压种轮及其连杆机构等。

有的精密播种机还配备施撒农药和除草剂的装置。

（四）铺膜播种机

铺膜播种机主要由铺膜机和播种机组合而成。按工艺特点可分为先铺膜后播种和先播种后铺膜两大类。该机由机架、开沟器、镇压辊（前）、展膜辊、压膜辊、圆盘覆土器（前）、穿孔播种装置、圆盘覆土器（后）、镇压辊（后）、膜卷架、施肥装置等组成。

作业时，肥料箱内的化肥由排肥器送入输肥管，经施肥开沟器施在种行的一侧，平土器将地表干土及土块推出种床外，并填平肥料沟，同时开出两条压膜小沟，由镇压辊将种床压平。塑料薄膜经展膜辊铺至种床上，由压膜辊将其横向拉紧，并使膜边压入两侧的小沟内，由覆土圆盘在膜边盖土。种子箱内种子经输种管进入穴播滚筒的种子分配箱，随穴播滚筒一起转动的取种圆盘通过种子分配箱时，从侧面接受种子进入取种盘的倾斜型孔，并经挡盘卸种后进入种道，随穴播滚筒转动而落入鸭嘴端部。当鸭嘴穿膜打孔达到下死点时，凸轮打开活动鸭嘴，使种子落入穴孔，鸭嘴出土后由弹簧使活动鸭嘴关闭。此时，后覆土圆盘翻起的碎土，小部分经锥形滤网进入覆土推送器，横向推送至穴行覆盖在穴孔上，其余大部分碎土压在膜边上。

（五）免耕播种机

它是在未耕整的茬地上直接播种，与此配套的机具称为免耕播种机。免耕播种机的多数部件均与传统播种机相同，不同的是由于未耕翻地土壤坚硬，地表还有残茬。因此，必须配置能切断残茬和破土开种沟的破茬部件。

二、播种机与拖拉机连接

拖拉机与播种机挂接时，机具中心应对正拖拉机中心，按要求的连接位置进行挂接，保证播种机的仿形性能。

使用轮式拖拉机时，要根据不同作物的行距来调整拖拉机的轮距，使轮子走在行间，以免影响播种质量。

拖拉机与播种机挂接后，应使机具工作时左右前后保持水平。调整拖拉机悬挂机构的提升杆可调整播种机左右水平；调整拖拉机悬挂中心拉杆，可调整播种机前后水平。播种作业中，应将拖拉机液压操纵杆放在"浮动"位置。

悬挂播种机升起时，拖拉机如果有翘头现象，可在拖拉机前头保险杠加配重块，以增加拖拉机操纵稳定性。

牵引两台以上播种机作业时，需用连接器。连接播种机时，应使整个播种机组中心线对准拖拉机的中心线。

三、播种机的播前准备

清除油污脏物，并将润滑部位注足润滑脂。紧固螺栓及连接部位不得有松动、脱出现象，传动机构要可靠，链条张紧度要合适，拖拉机与播种机挂接要正确，开沟器工作正常。进行空转试验，待各运转机构均正常后，方可开始工作。

按播种要求调整有关部位，如播量、行距、播深等。

检查种子和肥料，不得混有石块、铁钉、绳头等杂物，肥料不应有结块。

播种前应组织好连片作业，预先把种子、肥料放在地头适当位置，以提高作业效率。

检查仿形机构，地轮转动是否灵活，排种盘和排肥盘是否适合要求，覆土器角度是否满足覆土薄厚的要求。如果这些正常，可先找一块平坦田地试验，检查种肥的排量，如不妥，就应进行调整。

五、播种机常见故障排除

1. 地轮滑移率大

（1）故障原因。播种机前后不平；传动机构阻卡；液压操纵手柄处中立位置。

（2）根据上述原因分别采取调整拖拉机上拉杆长度；排除故障，消除阻力；应处于浮动位置。

2. 不排种

（1）故障原因。种子架空；传动失灵；刮种器位置不对；气吸管脱落或堵塞。

（2）根据上述原因分别采取排除架空现象；检查传动机构，恢复正常；调整刮种器适宜程度；安好气吸管，排除堵塞。

3. 开沟器堵塞

（1）故障原因。农具降落过猛或未升起倒车；土壤太湿。

（2）根据上述原因分别采取升起农具，停车清理堵塞现象，应在行进中降落农具；发现堵塞，停车清理。

4. 漏种

（1）故障原因。输种管堵塞脱落；输种管损坏；土壤湿黏，开沟器堵塞；种子不干净，堵塞排种器。

（2）根据上述原因分别采取经常检查排除；在合适条件下播种；将种子清选干净。

5. 播深不一致

（1）故障原因。播种机机架前后不水平；各开沟机安装位置不一致；播种机机架变形、有扭曲现象。

（2）根据上述原因分别采取正确连接、使机架前后水平；调整一致；修复并校正。

6. 行距不一致

（1）故障原因。开沟器配置不正确；开沟器固定螺钉松动。

（2）根据上述原因分别采取正确配置开沟器；重新紧固。

7. 播量不一致

（1）故障原因。地面不平，土块太多；排种轮工作长度不一致；播种舌开度不一致；播量调节手柄固定螺钉松动；种子内含有杂质；排种盘吸孔堵塞；作业速度太快；排种盘孔型不一致。

（2）根据上述原因分别采取提高耕地质量；进行播种量试验，正确调整排种轮工作长度和排种舌开度；重新固定在合适位置；将种子清选干净排除故障；调整合适的作业速度；选择相同排种盘孔型。

8. 播种过浅

（1）故障原因。土壤过硬；牵引钩挂接位置偏低。

（2）根据上述原因分别采取提高整地质量；向上调节挂接点位置。

9. 邻接行距不正确

（1）故障原因。划印器臂长度不对；机组行走不直。

（2）根据上述原因分别采取校正划印器臂的长度；严格走直。

第五章　温室大棚机械使用与维修

第一节　电动卷帘机

电动卷帘机分为固定式和可动式。固定式卷帘机固定在大棚后墙的砖垛上，利用机械动力把草帘子卷上去，利用大棚的坡度和草帘子的重量往下滚放草帘子。该种型号的卷帘机造价较高，大棚要有一定的坡度，如果棚面坡度太平，草帘子滚不下来。可动式电动卷帘机使用最为普遍，它由立支架、卷轴和主机三部分组成。后墙没有砖垛，安装简单，采用机械手的原理，利用卷帘机的动力上下自由卷放草帘子，不受大棚坡度大小的限制。安装使用卷帘机的温室，棚面要平整，梁架要与温室前沿线垂直，整体结构要坚实，梁架必须有足够的承载能力。安装时草帘上端必须牢牢固定，草帘下端同卷轴固定时绑法应一致，绕在轴上的草帘量要统一，主机与上下臂及卷帘轴连接用的高强度螺栓严禁用普通螺栓代替。

一、电动卷帘机使用操作规程和注意事项

卷帘前，必须将压草帘的物品移开，雪后应将帘上积雪清扫干净，若雨雪后草帘湿透过重，应先卷直一部分，待草帘适当晾晒后再全程卷起。

卷放过程中传动轴和主机上、传动轴下的温室面上和支承架下严禁有人，以防意外事故发生。

覆盖材料卷起后，卷帘轴如有弯曲，应将卷帘机放下，并用废草帘加厚滞后部位，直至调直。如出现斜卷现象或卷放不

均匀，应及时调整草帘和底绳的松紧度及铺设方向。

使用过程中要随时监控卷帘机的运行情况，若有异常声音或现象要及时停机检查并排除，防止机器带病工作。

切忌接通电源后离开，造成卷帘机卷到位后还继续工作，从而使卷帘机及整体卷轴因过度卷放而滚落棚后或反卷，造成毁坏损失。

温室湿度较大，容易漏电、连电，电动卷帘机必须设置断电闸刀和换向开关，操作完毕须用断电闸刀将电源切断，以防止换向开关出现异常变动或故障而非正常运转造成损失。

二、电动卷帘机的保养与维修

在使用过程中对卷帘机进行维修与保养要注意安全，必须在放至下限位置时进行，应注意先切断电源。确实需要在温室面上维修时，应当用绳把卷帘轴固定好，严防误送电使卷帘轴滚落伤人。

使用过程中，要定期检查各部位连接是否可靠，检查时应特别注意主机与上臂及卷帘轴的连接可靠性，各部位连接螺栓每半个月应检查紧固 1 次。

使用过程中应经常检查和补充润滑油，主机润滑油每年更换 1 次。

机器使用完毕，可卷至上限位置，用塑料薄膜封存。如拆下存放要擦拭干净，放在干燥处。卷帘轴与上下臂在库外存放时，要将其垫离地面 0.2 米以上，并用防水物盖好，以免锈蚀，并应防止弯曲变形，必要时应重新涂防锈漆。

卷帘机在每年使用前应检修并保养 1 次，检修主要内容包括主机技术状态，卷帘轴与上下臂有无损伤和弯曲变形，上下臂铰链轴的磨损程度，卷帘轴及上、下臂与主机的连接可靠性，如发现问题应进行校正、加固、维修。

第二节 大棚耕作机

一、大棚耕作机的使用注意事项

（一）渡过水沟、田埂时，使用踏板

进入水田、渡过水沟或通过柔软的场所，必须使用踏板，以最低速度移动。踏板的宽度、强度、长度应适合本机器。在踏板上，请勿操作转向把手、主离合器手柄和主变速操纵杆，否则，会滑倒或歪倒，招致事故发生。

（二）禁止急前进，停止，转弯和超速加速

慢慢启动和停止机器，转弯时把速度降到最慢。在下坡或凹凸不平的场所，尽量降低速度，否则，会对机械产生损坏和发生事故。

（三）行驶时应注意路肩

有水沟的道路或两边倾斜的农机道路，要充分注意路肩。否则，将会发生掉落的事故。

（四）移动时，不能旋转旋耕机，不要开动作业机

在使用旋耕机作业中，主机移动时，不能旋转旋耕机，否则，会被旋耕刀卷入，发生受伤事故。

（五）凹凸柔软地或横断沟的道路要低速运转

在下坡道或凹凸、横断沟多发的道路上要低速移动。否则，可能发生歪倒、掉落事故。

（六）禁止眼睛看别处或放手运转

在作业中，要集中注意力，禁止眼睛看别处或放手运转。否则，可能发生伤害事故。

（七）发动机运转中未停机，手脚不能伸入旋耕机（作业机）下

请不要把脚或手放在旋耕机或作业机底下，否则，可能发

生人身伤害事故。

（八）室内作业要十分注意换气工作

大棚内作业时，一定要注意排气和换气，特别在冬季，应引起充分重视。因为排出的废气对人体有害。

（九）禁止站在旋耕机后进行后退作业

因为旋耕机的刀爪在操作者的前面旋转，进行后退作业时，人有可能被夹在障碍物和管理机之间，发生人被旋耕机卷入的受伤事故，所以进行后退作业是禁止的。

（十）人或动物请勿靠近

在作业中，人或动物请勿近前，特别注意小孩子不能接近，否则，可能发生不可预料的伤害事故。

（十一）注意猛进突发事情发生

用旋耕机或半轴作业时注意猛进（或突进）旋转的旋耕机碰到坚固的地面或石头会顺势跳起，请注意这种猛进（或突进）。特别是碰到有河沟、悬崖或人，会发生人身事故或掉落。

（十二）后退时，旋耕机停止旋转

旋耕机作业中，后退时，要停止旋转。否则，会被旋转的刀爪卷入，发生人身伤害事故。

（十三）发动机起动时，确认周围情况

发动机起动时，操纵杆的位置和周围的安全要认真确认。

（十四）清除泥土、刀爪上杂草时，停止发动机

使用中，若须清除机器上的泥土和刀爪上的杂草时，应停止发动机，否则，会招致伤害事故的发生。

（十五）倾斜地作业，禁用转向手把

在倾斜地作业时，为了不致使机器歪倒，要扩大轮距，方向转换时，不能使用转向把手，使用扶手把操作，否则，会引起歪倒及伤害事故。

（十六）扶手把转向相反方向，左右转向把手要切换

本机配备在转向变换装置，当扶手把转向相反位置时必须操作转向变换装置，切换手把，以达到按操作者原来记忆习惯进行转弯。

二、大棚耕作机的保养与维护

每天使用后请用水冲洗机器，洗后充分擦干，各运转和滑动部分充分加油。但冲洗时，请不要把水渗入空气滤清器的吸气口内，而且，必须停止发动机，待过热部分冷却后进行。

各注油部位，包括扶手把锁紧手柄以及平面180°回转锁紧手柄支点；主离合器滚轮和操纵手柄支点及软轴拉线调节器处；转向把手和操纵手柄支点及软轴拉线调节器处；变速操纵手柄支点；支架支点；副变速杠杆支点处；副变速操纵手柄、旋耕机离合器操纵手柄支点及软轴拉线调节器处。

第三节　温室大棚滴灌机械

大棚滴灌具有降低湿度、提高地温、节水、省工、高效、增产等许多优点。但大棚滴灌机械在使用中常出现灌水器损坏、滴孔堵塞、出水均匀度差及流量小等毛病。为了避免以上毛病的发生，用户应注意以下几点。

一、选择合适的滴灌机械

通过计算或按设计要求，选择合适的水泵；通过计算设计出合理的供水管径和管长，以达到较高的均匀度；供水管道应选择具有抗老化性能的塑料管材。

灌水器是关键部件，要选择出水均匀、抗堵塞能力强、安装使用方便的灌水器。

选择的过滤器，应为120目或150目，并具有耐腐蚀、易冲洗等优点。

二、正确安装滴灌机械

供水管道的安装要采用双向分水方式，力求两侧布置均衡。

首部枢纽在安装过程中，必须在过滤器的前后各装 1 块压力表、1 个阀门，其目的是为了观察过滤器前后的压差及便于调节流量和压力，同时便于过滤器的清洗。

三、滴灌机械的使用与维护

要控制好系统压力，系统工作压力应控制在规定的标准范围内。

过滤器是保证系统正常工作的关键部件，要经常清洗。若发现滤网破损，要及时更换。

灌水器易损坏，应小心铺放，细心管理，不用时要轻轻卷起，切忌踩压或在地上拖动。

加强管理，防止杂物进入灌水器或供水管内。若发现有杂物进入，应及时打开堵塞头冲洗干净。

冬季大棚内温度过低时，要采取相应措施，防止冻裂塑料件、供水管及灌水器等。

滴灌时，要缓缓开启阀门，逐渐增加流量，以排净空气，减小对灌水器的冲击压力，延长其使用寿命。

第六章　中耕机械使用与维修

中耕是在作物生长期间进行田间管理的重要作业项目，其目的是改善土壤状况，蓄水保墒，消灭杂草，为作物生长发育创造良好的条件。

第一节　中耕机的工作部件

中耕机的工作部件有锄铲式和旋转式两大类型。按其作用可分为除草铲、松土铲和培土铲 3 种类型。

一、除草部件

除草部件分行间除草部件和苗间除草部件两种。

（一）行间除草部件

有锄铲式和回转式两种类型。目前广泛应用的是锄铲式；但这种工作部件不能完全适应黏重土壤、水浇地及间套作制度的要求。近年来回转式除草、松土和培土部件在研制和推广中。

锄铲式除草部件按其结构形式分单翼铲、双翼铲、通用铲和垄作非对称双翼铲 4 种。

单翼铲由水平铲翼和垂直护苗板构成。前者除草和松土，后者保护幼苗以免被土埋没。因此，它可使锄铲靠近幼苗，减少未耕地的面积。单翼铲有左铲和右铲两种，对称地安装在作物行间，用于作物幼苗期的除草工作，还有一些松土作用。耕深一般为 6 厘米，幅宽有 135 毫米、150 毫米和 160 毫米三种。

双翼铲主要用于除草，同时也有松土作用。它由左右对称的两部分铲翼构成，其碎土角 β 和入土角 α 很小，一般与单翼铲配合工作。

通用铲是双翼铲的一种，与上述双翼铲的差别是其碎土角 β 和入土角 α 较大，所以有除草和松土的综合作用，多用于第二次中耕。双翼铲和通用铲工作深度为 8~12 厘米，幅宽有 180 毫米、220 毫米和 270 毫米三种。

垄作非对称双翼铲与双翼铲的差别是左右两翼长度不同，有左铲和右铲之分。使用时，将左、右两铲按垄侧形状配置（短翼靠近苗行），在它们的后边安装耥地铧子，联合达到中耕目的。其碎土角 β 和入土角 α 都很小。

为使锄铲具有良好的切草性能，铲翼都磨刃。碎土角 β＞15°的锄铲，为了避免铲面形成折面不易脱土，一般采用上磨刃或上下磨刃；碎土角 β＜15°的锄铲，如单翼铲，只有上磨刃，才能保证铲翼的背面与地面有一定的隙角，以利锄铲入土。锄铲工作一段时间后，刃口被磨钝，各种阻力随之增加，工作性能变坏，必须重新磨刃。刃口要锋利，一般刃口厚度不大于 0.5 毫米。

（二）苗间除草部件

苗间除草部件主要有螺旋梳齿式和圆盘梳齿式两种。

螺旋梳齿式除草部件是在一根支杆上，沿轴向在一定距离内按螺旋线等距配置一定数目的齿杆而构成。工作时，支杆与前进方向一致，梳齿与地面垂直。

圆盘梳齿式除草部件则是将梳齿点集中配置在一个平面上，构成梳齿圆盘。一般使圆盘与地面倾斜 80°角，与前进方向的垂直面偏 20°角。

现有机器上大多数是每垄配置一对螺旋方向相反的螺旋梳齿式除草部件，或者对称配置一对圆盘梳齿式除草部件（图 6-1），两者均由机器的地轮或拖拉机的动力输出轴通过传动机构驱动相对向内旋转，使各梳齿顺次轮流在作物苗间按一定齿迹距 b 划沟（因齿盘旋转时，机器在前进，因此，齿迹不是与前进方向垂直，而是偏斜一个 α 角），起除草、松土和疏苗作用。

由于两个梳齿盘配置在垄顶两侧，使梳齿的最深入土处在垄帮上，故伤苗率低。安装时两梳齿盘的工作幅应有一定重复度，保证不漏梳。

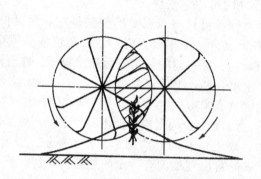

图6-1　圆盘梳齿式除草部件配置简图

梳齿式除草部件主要用于大豆和谷子苗间除草，也可用于玉米和高粱等作物的苗前的苗间除草。使用这两种工作部件除草，必须做到适时早铲。如对大豆苗间除草，应在大豆长到10厘米左右，其根已木质化，那时小草刚萌芽除草效果最好。如抓不住时机，效果便明显下降，过早伤苗严重，过晚则杂草除不净。另外，要求整地质量好，土壤含水率适中。作业条件合适时，除草率可达90%，伤苗率不超过5%。

二、松土部件

目前主要应用的有深松铲和耥地铧子（图6-2）。

深松铲中的矛形铲和凿形铲除用于耕地作业外，也可用于行间深层松土和垄帮深松；即在苗期深松垄沟后进一步扩大垄沟松土面积，可以把三角铧子耥地时形成的坚硬犁底层和非犁耕作区松动，使作物后期生长需要的疏松土层达到进一步扩大，从而为作物根系创造良好的土壤环境。深松铲的结构参见第三

图6-2　耥地铧子

章第四节深松机械。

　　耥地铧子是一个前部呈圆弧形凸面，后部为倾斜平面的三角形铧子。主要用于垄作地的一二遍耥地，即松碎垄沟和垄帮土，除具有除草作用外，也有少量分土作用。工作后，垄沟留有余土。为适应不同垄距，每机都备有几种宽度尺寸的铧子。

三、培土部件

　　目前广泛应用的是三角铧培土器和锄铲式培土器（图6-3），还有螺旋推动器式培土器，但使用不多。

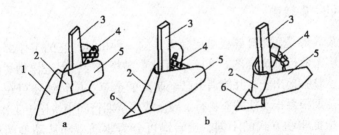

图6-3　培土部件

a. 三角铧培土器　b. 锄铲式培土器

1. 三角铧　2. 铲胸　3. 铲柄　4. 培土板开度调节杆　5. 培土板　6. 铧尖

（一）三角铧培土器

主要由三角铧、铲胸和培土板组成。铲胸用螺栓固定在三角铧上，左右培土板与其铰接在一起（也有是一体的），培土板可按培土量要求调节其开度。这种培土器主要用于垄作地区起垄和耪二三遍地，起松土和培土作用。

培土时又借松土压盖杂草，起消灭株间草的作用。由于这种培土器是以铧刃刮切垄帮之后，又由平板式的铲胸和培土板将松土分至两侧垄帮，所以耪过的地垄沟有坐土，垄帮是松土，符合保墒要求。

（二）锄铲式培土器

主要由铲尖、铲胸和左右分土板组成。铲尖和铲胸固定在铲柄上，培土板与铲胸铰接，可根据培土和垄形需要调节其开度（有的还可调节高度）。主要用于平作地区的培土和开沟起垄。它与三角铧培土器的最大差别是它的工作面为曲面，在耕翻后的土壤中工作时，成垄性好，工作表面不易粘土，工作阻力较小；但它对垄帮有一定的压实作用，垄帮上松土和坐土少，不利于保墒。

四、旋转锄

旋转锄是用来破碎板结层和灭草的一种机具。它的工作部件是很多个弯齿圆盘（图6-4），可用来戳破板结层，促进作物幼苗迅速、整齐地出土，并能消灭已经萌芽的杂草。旋转锄还可在一些幼苗期根系很发达的作物行上破土或作苗期行间中耕松土工作。

根据驱动方式的不同，旋转锄可分为驱动型和从动型两种形式。驱动型旋转锄由拖拉机动力输出轴或中耕机行走轮驱动。它的碎土能力较强，但土壤位移较大，多用在苗期行间中耕松土。

从动型旋转锄工作时，弯齿圆盘因土壤阻力而转动，并用弯齿插入土中将板结层刺破。由于齿尖的运动轨迹是一根摆线，

图6-4 旋转锄

它只能刺破板结层，而不能移动土层，因而伤苗率低。现有旋转锄大多为从动型。

旋转锄破碎板结层的性能，取决于齿的入土深度和单位面积内刺入板结层的次数。一般要求每平方米刺入150次，入土深度为9厘米左右。

第二节　中耕机的使用

一、中耕机组的工作及质量检查

中耕机组的行走路线必须严格遵照播种机组的行走路线，履带拖拉机带动中耕机进行作业时，必须行走在播种时确定的履带道上，否则会造成严重的铲苗现象。

中耕作业的行进速度不宜过快，尤其是幼苗中耕，否则锄铲抛土力量大会造成埋苗。机组在地头必须降速回转。

机组工作时，中耕机手应注意每一苗行两侧的锄铲位置，保持一定的护苗带。

中耕锄铲要经常保持锋利，以保证工作质量。作业过程中

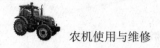

要经常注意清除中耕部件上的杂草，防止堵塞或拖堆。

在第一行程走过 20~30 米，即应停车检查以下中耕质量项目：中耕深度；各行耕深的一致性；锄草、伤苗及埋苗情况等。为了检查中耕深度，可将已中耕地面弄平，将直尺插到沟底测量，偏差允许±1 厘米。伤苗率是统计一段苗行内的伤苗数和总苗数，求二者之比。

二、锄铲式中耕机的常见故障及排除方法

锄铲式中耕机的常见故障及其排除方法见下表。

表　锄铲式中耕机的常见故障及其排除方法

故障	故障原因	排除方法
锄草不净	1. 工作部件重叠量小	1. 增加锄铲重垂量
	2. 锄铲刃口磨钝	2. 磨刃口
	3. 锄铲深浅调节不当	3. 调节入土深度
锄草不入土，仿形轮离地	1. 锄铲尖部翘起	1. 调节拖拉机上拉杆或中耕单组仿形机构的上拉杆长度，调平单组纵梁
	2. 铲尖磨钝	2. 磨刃口
	3. 仿形四杆机构倾角过大	3. 调节地轮高度，使主梁降低，减小四杆机构倾角
中耕后地表起伏不平	1. 锄铲黏土或缠草	1. 清除铲上的铁锈、油漆，定期磨刃口，及时清除黏土及杂草
	2. 锄铲安装不正确	2. 检查和重新安装锄铲，使每个锄铲的刃口都呈水平状态
	3. 单组纵梁纵向不水平，前后锄铲耕深不一致	3. 调节拖拉机上拉杆或中耕单组仿形机构上拉杆的长度，将纵梁调平
压苗、埋苗	播行不直，行距不对	调整机具行距使其适应播行

（续表）

故障	故障原因	排除方法
垄形低矮，坡度角大，垄顶凹陷	1. 开沟深度浅 2. 培土板开度小	1. 加深开沟深度 2. 增大培土板开度
垄形瘦小，培土大器壅土，沟底浮土过厚	1. 培土板开度大 2. 开沟深度太深	1. 减小培土板开度 2. 减小开沟深度

第三节 水田中耕机

水田中耕是水稻增产的重要措施，其作用是消灭杂草，泥土松烂，以促进水稻生长。

一、卧旋式中耕机

卧旋式中耕机由除草辊、传动装置、发动机等部分组成。工作部件是大直径除草辊，它由轮轴、轮毂、轮辐、环形轮缘和弧形齿组成。弧形齿呈球面，形似手指，有3指、4指两种。

工作时，除草辊靠发动机通过传动装置驱动旋转。同时，由于土壤对除草辊的反作用力的推动使机器直线前进。在水田的稀泥条件下工作时，会产生除草辊在土壤中的滑移，弧形齿挤压翻转土壤，使泥土松烂，把杂草压入泥水中或使其漂浮于水面，达到松土除草的效果。

二、往复式中耕机

往复式中耕除草机的部件是耙齿。往复式中耕机工作时，中耕机由行走轮驱动前进，而耙齿在曲柄和摆杆的驱动下作纵向往复曲线运动，其齿端为一曲线运动和直线运动合成的复合运动。这类机具就是靠耙齿在泥土中搅动来进行中耕除草的。

第七章　植保机械和排灌机械使用与维修

第一节　背负式喷雾机

一、背负式机动喷雾喷粉机的结构

以 WFB-18 AC 型背负式机动喷雾喷粉机为例进行介绍，其结构组成如图 7-1。该机主要由机架、离心风机、汽油机、油箱、药箱和喷洒装置等部件组成。

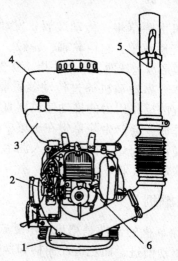

图 7-1　WFB-18 AC 型背负式机动喷雾喷粉机
1. 机架 2. 汽油机 3. 油箱 4. 药箱 5. 喷管 6. 风机

1. 机架总成

机架总成是安装汽油机、风机、药箱等部件的基础部件。它主要包括机架、操纵机构、减振装置、背带和背垫等部件。

2. 离心风机

风机一般采用小型高速离心风机，它的功用是产生高速气流，使药液雾化或将药粉吹散，并将其送向远方。

3. 药箱

药箱的功用是盛放药液或药粉，根据作业不同，药箱内的结构有所变化，只要更换部分零件就可以变为药液箱或药粉箱，完成喷雾或喷粉作业。主要部件包括药箱体、药箱盖、过滤网、粉门、进气管、吹粉管、输粉管等。

4. 喷洒装置

喷洒装置的功用是输风、输粉流和药液。主要包括弯头、蛇形管、直管、弯管、喷头、药液开关和输液管等。其中，喷头是主要的工作部件。

5. 配套动力

背负式喷雾喷粉机的配套动力都是结构紧凑、体积小、转速高的二冲程汽油机。目前，国内背负式喷雾机的配套汽油机的转速为5 000～8 000转/分，功率为0.8～2.94千瓦。目前，5 500转/分以下的背负机的产量占全部产量的75%以上。该类机工作转速低，对发动机零部件精度要求低，可靠性易保证。0.8千瓦的小功率背负机主要用于庭院小块地喷洒；1.18～2.1千瓦的背负机主要用于农作物病虫害防治；而2.94千瓦以上的大功率背负机，由于其垂直射程较高，多用于树木、果树等病虫害防治。

6. 油箱

容量一般为1升，在出油口处装有一个油开关。在油箱的进油口和出油口配置滤网，进行二级过滤，确保流入汽化器主

量孔的燃油清洁，无杂质。

7. 输粉结构

有外流道式（输粉管在风机壳外）和内流道式（输粉管在风机壳内）。外流道式结构简单、维修方便，而内流道式可减少药粉的泄漏且外部整洁美观。

二、使用、日常保养及故障排除

（一）使用方法

用户在购机后，首先应认真阅读产品使用说明书，熟悉背负式喷雾喷粉机的结构和工作原理，使用时应严格按产品使用说明书中规定的操作步骤、方法进行。有条件的应参加生产厂或植保站等单位举办的用户培训班。该机使用方法简述如下。

1. 启动前的准备

检查各部件安装是否正确、牢固；新机器或封存的机器首先排出缸体内封存的机油：卸下火花塞，用左手拇指稍堵住火花塞孔，然后用起动绳拉几次，将多余油喷出；将连接高压线的火花塞与缸体外部接触；用起动绳拉动起动轮，检查火花塞跳火情况，一般蓝火花为正常。

2. 起动

（1）加燃油本机采用的是单缸二冲程汽油机，烧的是混合油，即机油和汽油的混合油。汽油为66~70号，机油为6~10号。汽油与机油的混合比为（15∶1）~（20∶1）（容积比）。或用二冲程专用机油，汽油与机油的混合比为（35∶1）~（40∶1）。汽油、机油均应为未污染过的清洁油，并严格按上述比例配制。配制后要晃均匀，经加油口过滤网倒入油箱。

（2）开燃油阀开启油门，将油门操纵手柄往上提1/3~1/2位置。

（3）撬加油杆至出油为止。

（4）调整阻风门关闭2/3，热机起动可位于全开位置。

（5）拉起动绳起动起动后将阻风门全部打开，同时，调整油门使汽油机低速运转3~5分钟。

若汽油机起动不了或运转不正常，应分别检查电路和油路。简单调整检查方法是：调整断电器间隙在0.2~0.3毫米；调整火花塞电极间隙在0.6~0.7毫米，火花塞电极间有积炭应及时清理；按汽油机使用说明书调整点火提前角；油路应畅通。

3. 喷洒作业

（1）喷雾作业方法全机具应处于喷雾作业状态，先用清水试喷，检查各处有无渗漏。然后根据农艺要求及农药使用说明书配比药液。药液经滤网加入药箱，盖紧药箱盖。

机具启动，低速运转。背机上身，调整油门开关使汽油机稳定在额定转速。然后开启手把开关。

喷药液时应注意：开关开启后，严禁停留在一处喷洒，以防引起药害；调节行进速度或流量控制开关（部分机具有该功能开关）控制单位面积喷量。

因弥雾雾粒细、浓度高，应以单位面积喷量为准，且行进速度一致，均匀喷洒，谨防对植物产生药害。

（2）喷粉作业方法机具处于喷粉工作状态。关好粉门与风门。所喷粉剂应干燥，不得有杂物或结块现象。加粉后盖紧药箱盖。

机具起动低速运转，打开风门，背机上身。调整油门开关使汽油机稳定在额定转速左右。然后调整粉门操纵手柄进行喷撒。

4. 停止运转

先将粉门或药液开关关闭。然后减小油门使汽油机低速运转，3~5分钟后关闭油门，关闭燃油阀。

使用过程中应注意操作安全，注意防毒、防火、防机器事故发生。避免顶风作业，操作时应配戴口罩，一人操作时间不宜过长。

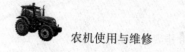

（二）日常保养

每天工作完毕应按下述内容进行保养。

第一，药箱内不得残存剩余粉剂或药液。

第二，清理机器表面（包括汽油机）的油污和灰尘。

第三，用清水洗刷药箱，尤其是橡胶件、汽油机切勿用水冲洗。

第四，拆除空气滤清器，用汽油清洗滤网。喷撒粉剂时，还应清洗化油器。

第五，检查各部螺钉是否松动、丢失，油管接头是否漏油，各接合面是否漏气，确定机具处于正常工作状态。

第六，保养后的机具应放在干燥通风处，避免发动机受潮受热导致汽油机起动困难。

机具定期保养及长期存放保存方法请详见各机具使用说明书。

（三）常见故障、产生原因及排除方法

见表 7-1。

表 7-1　　常见故障、产生原因及排除方法

故障现象	产生原因	排除方法
粉量前多后少	机器本身存在着前多后少缺点	开始时可用粉门开关控制喷量
粉量开始就少	1. 粉门未全开	1. 全部打开
	2. 粉湿	2. 换用干粉
	3. 粉门堵塞	3. 清除堵塞物
	4. 进风门未全开	4. 全打开
	5. 汽油机转速不够	5. 检查汽油机
药箱跑粉	1. 药箱盖未盖正	1. 重新盖正
	2. 胶圈未垫正	2. 垫正胶圈
	3. 胶圈损坏	3. 更换胶圈
不出粉	1. 粉过湿	1. 换干粉
	2. 进气阀未开	2. 打开
	3. 吹粉管脱落	3. 重新安装

（续表）

故障现象	产生原因	排除方法
粉进入风机	1. 吹粉管脱落 2. 吹粉管与进气胶圈密封不严 3. 加粉时风门未关严	1. 重新安装 2. 封严 3. 先关好风门再加粉
叶轮组装擦机风壳	1. 装配间隙不对 2. 叶轮组装变形	1. 加减垫片检调间隙 2. 调平叶轮组装（用木槌）
喷粉时发生静电	喷管为塑料制件，喷粉时粉剂在管内高速冲刷造成摩擦起电	在两卡环之间连一根铜线即可，或用一金属链一端接在机架上，另一端与地面接触
喷雾量减少或喷不出来	1. 喷嘴堵塞 2. 开关堵塞 3. 进气阀未打开 4. 药箱盖漏气 5. 汽油机转速下降 6. 药箱内进气管拧成麻花状 7. 过滤网组合通气孔堵塞	1. 旋下喷嘴清洗 2. 旋下转芯清洗 3. 开启进气阀 4. 盖严、检查胶圈是否垫正 5. 检查下降原因 6. 重新安装 7. 扩孔疏通
垂直喷雾时不出雾	如无上述原因，则是喷头抬得过高	喷管倾斜一角度达到射高目的
输液管各接头漏液	塑料管因药液浸泡变软致使连接松动	用铁丝拧紧各接头或换新塑料管
手把开关漏水	1. 开关压盖未旋紧 2. 开关芯上的垫圈磨损 3. 开关芯表面油脂涂料少	1. 旋紧压盖 2. 更新垫圈 3. 在开关芯表面涂一层少量浓油脂
药箱盖漏水	1. 未旋紧药箱盖 2. 垫圈不正或胀大	1. 旋紧药箱盖 2. 重新垫正或更换垫圈

第二节　喷杆式喷雾机

喷杆式喷雾机是一种将喷头装在横向喷杆或竖喷杆上的机

动喷雾机。该类喷雾机作业效率高，喷洒质量好，喷液量分布均匀，适合于大面积喷洒各种农药、肥料和植物生长调节剂等的液态制剂，广泛用于大田作物、球场草坪管理及某些特定的场合（如机场融雪、公路除草和苗圃灌溉等）。

用于水稻大面积病虫害防治作业的一般是悬挂式喷杆喷雾机，喷杆部件通过拖拉机三点悬挂装置与拖拉机相连接，液泵由拖拉机动力输出轴驱动，药箱容积一般为200~800升，喷杆水平配置，喷头直接装在喷杆下面，这是最常用的一种机型。喷杆长度不等，喷幅一般为8米、12米、24米等规格，并安装有水田专用行走轮，以适应水稻田特殊的工作条件。

一、喷杆式喷雾机原理

喷杆式喷雾机的种类众多，但其构造和原理基本相同。典型喷杆喷雾机的工作原理如图7-2。

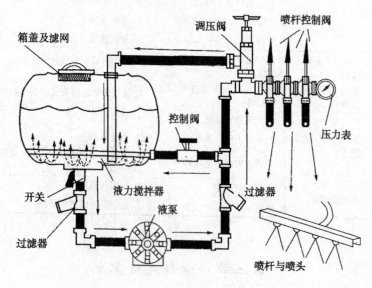

图7-2　喷杆式喷雾机工作原理

工作时，由拖拉机的动力输出轴驱动液泵转动，液泵从药箱吸取药液，以一定的压力排出，经过过滤器后输送给调压分配阀和搅拌装置；再由调压分配阀供给各路喷头，药液通过喷杆上的喷头形成雾状后喷出。调压阀用于控制喷杆喷头的工作压力，当压力高时，药液通过旁通管路返回药液箱。如果需要进行搅拌，可以打开搅拌控制阀门，让一部分药液经过液力搅拌器，返回药液箱，起搅拌作用，保证农药与稀释液均匀混合。药泵和喷头是喷雾装置中对喷雾质量最有影响的零（部）件。药泵能够提供足够的喷雾压力和流量，以保证喷雾质量的基本要求。在此基础上，对不同喷雾指标的满足程度则主要取决于喷头类型和工作参数的选择。

二、喷杆式喷雾机构造

　　以拖拉机驱动的大田喷杆喷雾机为例，介绍其基本构造与主要部件。

（一）药液箱

　　大田喷杆喷雾机药液箱的大小取决于配套拖拉机的最大提升质量和操作稳定性。药液箱按其配置形式可分为前后置式、悬挂式、牵引式三种。药液箱容量可分为 200~800 升，需按实际允许负荷和药液箱所需配置的位置选用恰当容量的药液箱。药箱形状为高而窄的矩形，药液箱上有一个直径大于 300 毫米的加液口，便于加水及擦洗药液箱的内壁。药液箱口安装有大的内嵌式过滤器。药液箱底部安装有一个喷管式搅拌器，即一根沿其长度方向钻有一排孔的管子，产生连续不断的射流冲刷药液箱底部（或用一射流喷头），由喷头喷出的液体可以使药液箱底部药液产生涡流运动，从而起到搅拌液体的作用。

　　现代大型喷雾机一般装备 3 个箱体，主药箱体、加药箱（斗）和附加清水箱。加药箱位置比较低，加入原药后再通过射流的方式使加药箱中的原药与水一起进入主药箱体。加完药后，可用附加清水箱内的清水冲洗主药箱与加药箱。作业结束后，

用清水箱中的清水清洗液泵和管道，并将主药箱中的剩余药液稀释 1~10 倍，再喷入作业区。清水也用于在田间清洗喷雾机和田间洗手等清洁工作，这样喷雾机具可在田间清洗完毕，再返回农场。

（二）液泵

喷雾机上用的液泵有两大类。一类为往复式泵，如柱塞泵、活塞泵、隔膜泵等。这类泵属强制式脉动排液，工作压力较大，但需安装安全阀和空气室，使喷雾压力稳定，排液连续。另一类是旋转泵，如离心泵、漩涡泵、滚子泵。旋转泵能连续排液，压力稳定，不需要空气室。喷杆喷雾机最常用的液泵为隔膜泵，大多采用 2~6 缸隔膜泵。

选择液泵时，必须同时满足喷雾机的总流量和压力的要求，总流量取决于所有喷头在最高压力下的总喷量和搅拌药箱所需要的流量之和，搅拌流量至少为药箱容积的 5%~10%。选择液泵还应考虑喷洒药剂的类型，尤其是对泵体材料的影响。

（三）过滤器

一般喷雾机上应有四级过滤，药液箱加液口、进入泵前、压力管路（泵后）和各喷头处都应装有过滤装置。各处对滤网的尺寸要求不同。药箱加液口的过滤网一般为 50 目；喷头处过滤网的孔径不应大于喷头喷嘴尺寸的 70%（50 目、80 目和 100目比较常用）；管路中的过滤器应具有足够的过滤面积，能与液泵的排量匹配，过滤网的孔径必须小于所用各类喷头中最小规格喷头喷孔的直径，安装位置应能让积聚的杂质集中在滤网外侧底部，这样不易发生堵塞。所有的过滤器滤网应定期检查与清理。

（四）搅拌装置

搅拌装置的主要功用是搅拌药液箱内的药液，防止药液中的非溶解物沉淀，避免乳化剂中的乳油悬浮到药液表面，以及喷雾机在较长时间不使用时，能在较短的时间内（如 10 分钟）

将沉淀物从箱底搅起并使药液混合均匀，保证进入喷雾系统的药液浓度均匀。搅拌装置采用液力式，从液泵引出部分压力药液，通过药箱内射流式喷头或一系列喷孔喷入药液进行搅动。结构简单。

（五）调压分配阀

调节控制喷雾机药液压力、流量和流向，监测喷雾机的工作状况和作业参数或质量。基本调节控制装置包括调压安全阀、总截流阀、分段控制截流阀、阻尼阀和压力表等。总截流阀用于控制喷雾或停喷，分段控制截流阀可以分别控制各段喷杆的喷雾或停喷，停喷同时释压，防止停喷后喷头滴漏。阻尼阀分别安装在分段控制截流阀的回水管路上，调节阻尼阀可使分段控制截流阀的回水管路与喷雾管路的水力阻力相等，以保证在关闭任意一组或几组喷头时，其余各组喷头的喷雾压力和喷雾量不变。调压分配阀一般由喷雾机驾驶员手动操作。

（六）水田专用行走轮

水田作业时必须安装专用的行走轮，根据拖拉机的重量确定轮宽和轮辐，以适应水稻田特殊的工作条件。喷雾机重量过大，田间作业时行走轮下陷较深，不仅影响工作效率，且对稻田土壤底层破坏严重。另一种比较方便的办法是留出作业行走道，提供给拖拉机与喷雾机机组多次进地作业行驶的通道，但这要求喷雾机、施肥机等的喷幅是作物播种机喷幅的整数倍，并在地头留出足够的转弯距离。若有作业通道，可不换装水田专用行走轮。

三、喷杆式喷雾机常见故障及排除方法

喷杆式喷雾机的常见故障及排除方法见表7-2。

表 7-2 喷杆喷雾机常见故障的排除方法

故障现象	故障原因	排除方法
吸不上水	三通阀（开关）或操纵手柄位置不对、吸水头滤网堵塞、吸水管严重漏气	放在正确的位置清洗滤网、清除堵塞或更换吸水管
吸水速度慢	隔膜泵进、出水阀门磨损或损坏 隔膜泵进、出水阀的弹簧折断吸水管路堵塞或漏水吸水高度太大	修理或更换阀门部件更换弹簧 清除堵塞，修复漏气处降低吸水高度或另选水源
调压阀失灵或压力调不上去	调压弹簧损坏、压力指示器损坏	更换弹簧、更换压力指示器
压力指示器上压力不稳定或振动大，泵出水管抖动剧烈	空气室充气压力不足或过大、隔膜泵阀门损坏空气室隔膜损坏	调整至规定压力、更换阀门、更换隔膜
泵油杯口窜出油水混合物	隔膜泵损坏	更换隔膜
喷雾不均匀	各喷头的喷量不一致、喷孔磨损、喷头堵塞	换掉喷量过大或过小的喷嘴、喷头片更换喷嘴或喷头片清除堵塞物
少数喷头不喷雾	喷孔或喷头滤网堵塞	清除堵塞物
喷头滴漏	膜片式防漏阀损坏 防漏阀弹簧或膜片损坏 防漏阀螺帽未拧紧 阀被杂物卡住 球式防漏阀损坏 弹簧损坏 钢球锈蚀 阀座损坏或有杂物	修复或更换膜片式防漏阀 更换弹簧或膜片 拧紧螺帽 清除杂物 更换球式防漏阀 更换弹簧 清洗或更换钢球 更换过滤架，清除杂物

第三节 风送式喷雾机

风送式喷雾机分为自走和拖拉机牵引两种。该类机具操作、调整方便，风送速度快、生产率高、喷洒质量好，是一种比较理想的果树用植保机具。

一、操作方法

（一）使用前的准备工作

（1）检查各紧固件及各连接处有无松动现象，带轮的皮带是否张紧适度。

（2）将机具的 3 个悬挂点分别与拖拉机的上、下悬挂杆相连接，插好锁销。收紧下拉杆限位链（杆），以防止机具左右晃动。

（3）将伸缩的传动轴脱开，两端节叉分别与拖拉机动力输出轴和喷雾机上的带轮轴连接。注意与拖拉机动力输出轴相连接端的节叉上的锁定销必须到位锁定；取下另一端节叉上的开口销和锁定销，安装到喷雾机的带轮轴上，到位后插好锁定销和开口销，以防止节叉脱出。

（4）传动轴安装完毕后，启动拖拉机，缓慢提升喷雾机，确定传动轴的合适长度。传动轴的合适长度是指喷雾机在最低位置时传动轴有一定的重叠量而不脱开，在最高工作位置时传动轴不顶死。如果传动轴过长，则需切短到合适长度。

（5）插好长度合适的传动轴，再分别与拖拉机和喷雾机连接好。

（二）试运转

（1）药液箱内加入适量干净的清水。

（2）将出风管转动到顺风向位置，掀起喷头保护盖。

（3）打开药箱下部的喷雾机总开关。

（4）启动拖拉机，将喷雾机缓慢提升到工作位置，在发动机小油门下接合动力输出轴，使风机和液泵转动，检查风机是否转动正常，叶轮有无刮蹭和不正常声响，如有问题，停车检查排除。

（5）将发动机转速逐渐提高到额定转速，检查喷雾机工作情况，液泵是否正常工作，喷头是否雾化良好，出风是否强劲，喷雾管路系统有无渗漏现象，如有问题，停车检查排除。

（6）喷雾机的喷雾量通过控制通往喷头的喷雾开关和通往药箱的回水开关的开度进行调节。正常喷雾时，通往喷头的喷雾开关一般可以放在全开位置，只需控制通往药箱的回水开关的开度来调节喷雾量。回水开关全开时，喷雾量较小，逐渐减小回水开关开度，喷雾量逐渐加大，当回水开关全关（没有回水）时，喷雾量达到最大。如需进行超低量作业，在回水开关全开时喷雾量仍过大，则可以减小喷雾开关的开度，直至喷雾量满足使用要求。

完成上述试运转后，喷雾机即可进行正常的喷雾作业。

（7）如果发现风机或液泵带轮的皮带较松，按以下方法调整张紧度。

①液泵皮带张紧。松开液泵固定板的固定螺栓，移动液泵固定板，将皮带松紧度张紧到适当程度，再拧紧固定螺栓。

②风机皮带张紧。先松开上部皮带轮轴承座包紧带的固定螺栓，将轴承座转动一定角度，使皮带张紧到适当程度，拧紧包紧带固定螺栓；再松开下部皮带轮轴承座包紧带的固定螺栓，将轴承座转动一定角度，使皮带张紧到适当程度，拧紧包紧带固定螺栓。

（三）喷雾作业

（1）将机具的3个悬挂点分别与拖拉机的上、下悬挂杆相连接，插好锁销。收紧下拉杆限位链（杆），以防止机具左右晃动。连接好传动轴。

（2）按农业防治要求的配置比例将适量药剂加入药箱，然后向药箱内加水，旋紧药箱盖。注意：药剂及水应清洁干净，不含固体杂质，以防止喷头和管路系统堵塞；加水不可过满，以防止作业时因机具晃动而洒出。

（3）掀起喷头保护盖，根据作业时的自然风向、风力大小及作物高度，将出风管转动到顺风向位置及合适的角度。在没有风或风力较小时，出风管应略微上倾；风力较大时，出风管应水平放置。

（4）打开总开关和回水开关，将喷雾开关手把置于关闭位置。

（5）启动拖拉机，接合动力输出轴，使喷雾机在额定转速下工作片刻，利用液泵的回水将药液搅拌均匀。

（6）打开喷雾开关，根据选定的作业速度和单位面积施药量要求确定出所需的喷雾量，将回水开关和喷雾开关手把置于合适的位置，将拖拉机开到作业区域，接合动力输出轴，即可进行喷雾作业。

二、维护保养与存放

（一）每日使用保养

（1）检查机具各紧固件有无松动现象，发现松动及时紧固。

（2）检查皮带松紧程度，若皮带过松，应及时张紧。

（3）检查机具的各密封处有无渗漏现象，如果发现，应予以排除。

（4）喷雾作业完成后，药箱内加入适量清水，清洗药箱、液泵、管路系统和喷头，以减少残留药液对机具的腐蚀。

（二）长期存放

（1）用清水将药箱、液泵、管路系统和喷头彻底清洗干净，然后，将药液箱及液泵、管路系统中的残余液体放净。

（2）擦净机具表面上的尘土及油污，将机具存放在阴凉、干燥、通风的机库内，要避免与有腐蚀性的化学物品靠近，并注意远离火源。

（3）如有必要，拆开风筒及出风管转向连接板，涂抹适量清洁黄油，以保证风筒及出风管转动灵活。

（三）常见故障及排除方法

常见故障及排除方法（表7-3）。

表7-3　常见故障及排除方法

故障现象	故障原因	排除方法
液泵不吸水	1. 药箱内没有药液 2. 药箱出水口堵塞 3. 总开关处于关闭位置 4. 过滤器被脏物堵塞 5. 液泵进水口处胶管过松或破裂，导致空气进入 6. 液泵密封件损坏	1. 药箱内加药加水 2. 清除药箱出水口处堵塞物 3. 打开总开关 4. 旋下过滤器盖，清除脏物 5. 卡紧液泵进水口处胶管或更换新胶管 6. 更换液泵密封件
液泵虽能吸水，但压力不够，喷雾量小	1. 发动机转速过低 2. 过滤器被脏物堵塞 3. 液泵进水口处胶管过松或破裂，导致空气进入 4. 液泵内叶轮与泵盖之间的间隙过大 5. 喷头内出水孔堵塞	1. 提高发动机转速 2. 旋下过滤器盖，清除脏物 3. 卡紧液泵进水口处胶管或更换新胶管 4. 调整叶轮与泵盖之间的间隙或更换新叶轮 5. 清除喷头内出水孔堵塞物
喷雾管路系统渗漏	1. 连接处松动导致密封不严 2. 密封件损坏	1. 旋紧连接处紧固件 2. 更换密封件

第四节　喷灌机械

一、喷灌机组的类型及组成

喷灌是一种发展较快的先进灌水技术。其原理是：利用水泵将水由输水管道压到喷头里面，然后由喷头把水喷到空中，散布成细小水滴，像下雨一样洒向作物和地面。

喷灌与普通漫灌相比，具有省水、省工及保土、保肥的优点，同时还能冲洗作物表面，改善田间小气候。因此一般旱作物采用喷灌后，均能确保增产。据调查，玉米、小麦、大豆等大田作物的增产幅度在 10%~30%；而蔬菜的增产幅度更大，有的可达 1~2 倍。

喷灌机组包括动力机、水泵、管道和喷头等设备，如果加上水源设施，则应称为"喷灌系统"。喷灌机按动力机、水泵、管道、喷头等的组合方式不同，可分为移动式、固定式和半固定式 3 种基本类型。

1. 移动式喷灌机组

移动式喷灌机组是把动力机、水泵、管道和喷头组装在一起。工作时为定位喷洒，即在一个位置喷完后，由人工转移到另一位置。它具有机动性能好等优点。如图 7-3 所示为手推式移动喷灌机组。

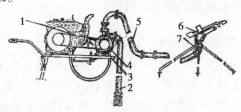

图 7-3　手推式移动喷灌机

1. 柴油机；2. 进水管；3. 车架；4. 水泵；5. 输水管；

6. 喷头；7. 支架

2. 固定式喷灌系统

固定式喷灌系统除喷头能够原位旋转外，其他动力机、水泵、管道等的位置均是固定的，喷头只能在预先布点的固定位置旋转，进行喷灌。

固定管道式喷灌系统一般在水源附近修建。

固定管道式喷灌系统的优点是：操作方便，管理费用少，生产效率高，便于进一步实行自动化控制。但它的一次性投资较大，而且竖管对田间机械化作业有一定影响，因此比较适合灌溉生长期比较长的苗圃、蔬菜地，以及其他需要频繁喷灌的

经济作物。

3. 半固定式喷灌系统

半固定式喷灌系统的动力机、水泵、主管道是固定的，喷头装在可移动的喷灌车或者可移动的支管上。它兼有移动式和固定式的特点，比较适合在平原地区进行大面积喷灌。

半固定式喷灌系统的泵站和主管道的位置固定不动。支管支承在大滚轮上，并通过连接软管上的快速接头与主管道上的给水栓连接，支管上的喷头进行旋转喷灌。在某个给水栓附近的田块喷灌完后，将支管从给水栓上卸下，即可由驱动小车把支管向前牵引至另一个给水栓处，再次用快速接头进行连接和喷灌。如此依次进行喷灌，直至田块喷灌完毕。

二、喷灌系统的使用和维护

（一）使用前的准备工作

（1）使用人员必须熟悉喷灌系统的组成、喷头的结构、性能和使用注意事项，并逐次检查各组成部分：动力机、水泵、管道、喷头等，看各零部件是否齐全，技术状态是否正常，并进行试运转。如发现零部件损坏或短缺，应及时修理或配置，以保持系统完好的技术状态。

（2）检查喷头竖管，看是否垂直，支架是否稳固。竖管不垂直会影响喷头旋转的可靠性和水量分布的均匀性；支架安装不稳，则运行中可能会因喷头喷水的作用力而倾倒，损坏喷头或砸毁作物。

（二）运行和维护要点

（1）启动前首先要检查干、支管道上的阀门是否都已关好，然后启动水泵，待水泵达到额定转数后，再缓慢地依次打开总阀和要喷灌的支管上的阀门。这样可以保证水泵在低负载下启动，避免超载，并可防止管道因水锤而引起震动。

（2）运行中要随时观测喷灌系统各部件的压力。为此，在干管的水泵出口处、干管的最高点和离水泵最远点，应分别装压力表；在支管上靠近干管的第一个喷头处、支管的最高点和最末一个喷头处，也应分别装压力表。要求干管的水力损失不应超过经济值；支管的压力降低幅度不得超过支管最高压力的20%。

（3）在运行中要随时观测喷嘴的喷灌强度是否适当，要求土壤表面不得产生径流或积水，否则说明喷灌强度过大，应及时降低工作压力或换用直径较小的喷嘴，以减小喷灌强度。

（4）运行中要随时观测灌水的均匀度，必要时应在喷洒面上均匀布置雨量筒，实际测算喷灌的组合均匀度。其值应大于或等于0.8。

在多风地区，应尽可能在无风或风小时进行喷灌。如必须在有风时喷灌，则应减小各喷头间的距离，或采用顺风扇形喷洒，以尽量减小风力对喷灌均匀性的影响。在风力达三级时，则应停止喷灌。

（5）在运行中要严格遵守操作规程，注意安全，特别要防止水舌喷到带电线路上，并且应注意在移动管道时避开线路，以防发生漏电事故。

（6）要爱护设备，移动设备时要严格按照操作要求轻拿轻放。软管移动时要卷起来，不得在地上拖动。

三、喷灌系统的常见故障及其排除方法

旋转式喷头常见的故障及其排除方法表7-4。

表7-4　旋转式喷头常见故障及其排除方法

故障现象	故障原因	排除方法
喷头转动部分漏水	垫圈磨损、止水胶圈损坏或安装不当；空心轴或垫圈中进入泥沙；喷头加工精度不够	更换新件或重新安装；拆下清洗干净；拆下修理或更换新件

（续表）

故障现象	故障原因	排除方法
摇臂式转头转动不正常	空心轴与套轴间隙太小或泥沙堵塞；摇臂张角太小	应适当增大间隙或拆开清洗干净，重新安装；摇臂弹簧压得太紧，应适当调松
摇臂张角太小	摇臂和摇臂轴配合过紧，阻力太大；摇臂弹簧压得太紧；摇臂安装得过高；水压力不足	应适当增大间隙；应适当调松；应调低摇臂的位置；应调高水的工作压力
摇臂的张角正常，但敲击无力	导流器切入水舌太深	应将敲击块适当加厚
摇臂甩开后不能返回	摇臂弹簧太松	应调紧弹簧
喷头射程不够	喷头转速太快；工作压力不够	应降低喷头转速；按要求调高压力

第五节　农用水泵

一、水泵的主要工作部件

（一）叶轮

叶轮由叶片和轮毂组成，叶片固定在轮毂上，其形状、大小和数目决定着水泵的不同工作性能。

（二）泵体

泵体是水泵固定部分的主体，它把来自水源的水导向叶轮并加以汇集，而后从出水口导出。

离心泵和混流泵泵体多为蜗壳式，如图 7-4 所示。叶轮与壳体内壁形成了面积由小到大的流道。泵体顶部有供启动时灌水放气的螺孔，底部有放水螺孔。

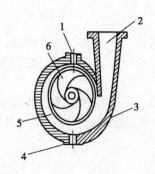

图 7-4 泵体

1. 放气孔 2. 出水口 3. 泵体外壳 4. 放水孔 5. 螺旋形流道 6. 叶轮位置

（三）减漏环

减漏环安装在叶轮进水口外边的泵盖上，防止泵体内的高压水漏回到叶轮进口，起密封作用；同时承受磨损，保护泵体或泵盖。与叶轮的间隙一般为 0.3~0.5 毫米。间隙小，摩擦力增加。当间隙过大时（1~2 毫米），就应更换新环，同时要车削叶轮进水口外径。

（四）密封装置

在泵轴穿出泵体处，设有密封装置，防止泵内水外流和空气进入泵，影响抽水。

密封装置有填料密封、橡胶油封密封和机械密封等结构。机械密封使用寿命长，多用于自吸泵上；橡胶油封密封性能好，但维修成本较高；填料密封结构简单，采用较多。下面介绍填料密封装置——填料箱。

水封环装在填料中间并对准水封管口处。泵内的高压水经水封管流到水封环和填料处，对泵轴实行水封，防止空气进入。同时对泵轴和填料进行润滑和冷却。

填料一般用石棉绳编制，用石蜡浸透后压成正方形，外表涂上黑铅粉，因而耐磨、耐热。在填料磨损和硬化后即应更换。压紧填料要适当，向外滴水速度以 1~2 滴/秒为宜。

（五）轴和轴承

为防止磨损和锈蚀，常在轴上加装轴套，以延长轴的使用寿命。轴流泵的轴与橡胶轴承接触的部位，表面镀铬，以抗腐蚀和耐磨。

农用水泵的轴承，一般有球轴承、滑动轴承和橡胶轴承三种，离心泵和混流泵多用球轴承，用黄油（或机油）润滑。

二、水泵的安装

（一）安装要求

（1）水泵安装要靠近水源，尽量减少进水管长度和附件。

（2）安装高度应符合要求，以保证高效率运行。

（3）直联时两轴应同心和水平，即用尺子检查时两联轴器接盘四周均要与尺面贴合。两联轴器接盘间也应有 2~4 毫米的间隙。

（4）皮带传动的机组，水泵轴与动力机轴应平行，皮带松边在上边，以增加传动效率。

（二）管路的安装

1. 进水管路的安装

（1）连接要牢固并有支撑，不漏水，不进气。

（2）最好使进水管直径比泵进口大，用渐变管连接，以减少损失。

（3）在泵的进水口，不宜直接装弯管，以防流速不匀，影响抽水效率。尤其是双吸泵，双面进水不匀会产生轴向力，影响泵的寿命。最好在吸水口前装一段相当于水管直径的 3 倍长度的直管或锥管，如图 7-5 所示。

（4）整个进水管路不得有凸起之处。

（5）进水管路上尽量减少弯头、阀门等部件。

（6）滤网应有大于 0.5 米淹没深度。滤网与水面、池底部和左右的距离，如图 7-6 所示。

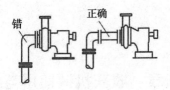

图 7-5　弯头的安装

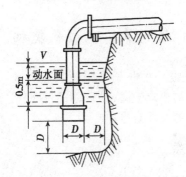

图 7-6　滤网安装示意

2. 出水管路的安装

（1）出水管路要固定牢，支撑好。

（2）出水管口应尽量埋在上水面以下。如管口设置在水池上面，应尽量靠近上水面。

（3）出水管及附件应尽量减少，以减少损失扬程。

第八章　收获机械使用与维修

第一节　水稻收获机

水稻收获机是一种收割水稻的农业机械，它的结构复杂，对操作使用技术的要求较高，那么水稻收获机需要如何使用呢？使用过程中都有哪些注意事项？

一、使用要点

(一) 正确掌握油门转速

为了使收割机保持最佳的使用性能，各部件必须在额定的转速下工作。一般发动机应在中大油门的转速下工作，这样可避免割台、搅龙、输送槽、脱粒滚筒、出谷搅龙等堵塞。在作业中，要保持油门转速稳定，当割到地头时，应中大油门继续运转 20 秒钟左右，使机器内的水稻脱粒完、清选干净、稻草排除机外后，再降低转速。

(二) 正确掌握割幅宽度

收割机满割幅作业，可提高作业效率。但在作业中，驾驶员要根据水稻的产量高低、田中行走的条件等情况改变割幅的宽度，使收割机作业连续。一般情况下，应当尽量在全割幅的状态下工作。对于产量 500 千克/亩以上、秆高叶茂的水稻，收割时用 70%~80% 的割幅作业；对于产量在 400 千克/亩的水稻，可满幅作业；对水稻潮湿、田泥较烂的，可用 60% 的割幅作业。

（三）正确掌握割茬的高低

割茬高低不仅影响作业质量，生产效率，而且与随后的田地耕翻质量较大关系。割茬高有利于提高生产效率，减轻收割机工作部件的负荷，但不利于以后的翻耕。割茬过低，割刀容易"吃泥"，割刀损坏。同时使生产效率降低，增加收割机工作部件的负荷。一般割茬高度应选择 100~200 毫米，如地块不平、杂草多、密度大、湿度大时，割茬应留高些。收获倒伏水稻时，割茬应低些。割茬高低通过升降割台来实现。

（四）速度快慢

合理选择收割机作业速度直接关系收割机的作业效率和质量。收割机行驶的挡位，前进有六个挡位，倒挡有二个挡位。田间作业一般选择四个挡，前进挡位三个，后退挡位一个。如果水稻产量 500 千克/亩以上，可选用 1 挡作业；如果水稻产量在 400 千克/亩以上，可选用 2 挡作业；如果水稻产量在 400 千克/亩以下，水稻茎秆 90 厘米左右，可选用 3 挡作业；如果水稻产量 350 千克/亩以下时，田块较干，驾驶员技术熟练，可选用 4 挡作业。

（五）作业路线

作业路线正确，可减少收割机的空行程，提高作业效率。收割机下田时，一般从田块右角进入，为了避免损失，应先用人工割 2 米×4 米的田块。如果田埂不高，收割机也可以直接收割。对于小方块和长方块田，采用转圈回转收割方法；大块田，可先沿四周转 2 圈收割后，再插入田中开道收割，把田块分成几个长方形进行收割；不规则的田块，先直线收割，后割剩余部分。

二、注意事项

（一）遇湿等干

早晨露水大，水稻潮湿，一般要等到 8—9 时的时候，露水

干了，再用收割机收割。如遇到雨后，要等水稻上的雨水干了，再用收割机收割。这样，可提高作业效率，可避免收割机工作部件的堵塞和减少稻谷的浪费。

（二）先动后走

是指收割机作业时，先结合工作离合器，让割台、切割器、输送装置、脱粒、清选等工作部件先运转起来，达到额定工作转速，再驾驶收割机行走，进行收割。这样可防止切割器被稻秆咬住、无法切断及工作的现象。

（三）遇差就快和遇好就慢

就是收割作业时，遇到水稻产量低，如 350 千克/亩以下时，可选用 4 挡作业，收割机的行走速度快些；遇到水稻产量高，如 400 千克/亩以上时，可选用 2 挡作业，收割机的行走速度就慢些。

（四）一停就查

收割机停止作业后，驾驶员要仔细的对收割机进行检查，维护保养等，使收割机保持良好的技术状态，但驾驶员要注意，在清扫、检查、维护保养时，收割机的发动机必须在熄火的情况下进行，以防止发生事故。

三、收获机作业时一般故障的原因及处理

水稻收获机在作业时表现的故障往往多种多样，应根据具体情况具体分析，其中工作阶段出现的故障现象比较常见，下面重点介绍收获机在作业时常见故障现象的分析与排除方法。

（一）作物条件或田块条件不适合

当收获时出现故障或作业效果不理想时，首先看是否是作物的条件或田块的条件不适合，作物条件或田块的条件不适合会导致割茬不齐、不能收割，还可能将作物压倒、不能输送作物及出现输送状态混乱、丢粮损失大、破碎率高、脱粒不净、脱粒滚筒经常堵塞等故障现象，应换选适合的作物和田块进行

收获作业。

（二）驾驶员或助手操作不合理

水稻机收作业中，收获机驾驶员或助手的正确操作十分重要，如果操作不合理，容易出现割茬不齐、不能收割或把作物压倒（收割速度过快）、不能输送作物及输送状态混乱、筛选不良、有断草或异物混入、丢粮损失大、破碎率高（助手未及时放粮）、脱粒不净等故障现象。驾驶操作人员应正确操作，根据水稻成熟等实际情况选择正确的收割速度、发动机转速、脱粒深浅、风量强弱作业。

（三）收获机关键部件的损坏与维修

（1）割茬不齐。产生原因主要有：割刀损伤或调整不当，应更换割刀或正确调整；也可能是收割机架有撞击变形，应修复或更换收割部机架。

（2）不能收割且把作物压倒。产生原因主要有：割刀状况不良，应调整或更换割刀；扶起装置调整不良，应调整分禾板高度；收割皮带张力不足，应张紧或更换皮带；单向离合器失效，输送链条过松或损坏，割刀驱动装置不良，应调紧或更换链条。

（3）不能输送作物或输送状态混乱。产生原因主要有：喂入装置不良，应调整或更换皮带和喂入轮；扶禾装置不良，应正确选用扶禾调速手柄挡位、调整或更换扶禾爪、扶禾链输送装置不良，应调整或更换链条、输送箱的轴和齿轮。

（4）收割部不运转。产生原因主要有：输送装置不良，应调整或更换各链条、轴和齿轮；收割皮带松，应调换收割皮带；单向离合器损坏，应修换单向离合器；动力输入平键、轴承、轴损坏，应修换平键、轴承、轴。

（5）筛选不良有断草或异物混入。产生原因主要有：摇动筛开量过大，应减小摇动筛开量；增强板调节开度过大，应调小增强板开度。

（6）稻谷破损较多。产生原因主要有：摇动筛开量过小，应增大摇动筛开量；搅笼堵塞，应及时清理搅笼；搅笼叶片磨损，应更换或修复。

（7）稻谷中有小枝梗。产生原因主要有：摇动筛开量过大，应减小摇动筛开量；脱粒室排尘过大，要及时清理排尘；脱粒齿磨损，应及时更换。

（8）丢粮损失大。产生原因主要有：摇动筛开量过小，应增大摇动筛开量；鼓风机风量太强，减小鼓风机风量；后部筛选板过低，增高后部筛选板；摇动筛增强板位置开度过小，调整摇动筛增强板开度。

（9）破碎率高。产生原因主要有：脱粒滚筒皮带过紧，调整滚筒皮带；脱粒排尘调节过小，调整脱粒排尘；搅笼堵塞，应及时清理搅笼；搅笼磨损，应更换或修复。

（10）脱粒不净。产生原因主要有：分禾器变形，应修复或更换；脱粒滚筒皮带过松，应调紧滚筒皮带；排尘手柄过开，调整排尘手柄；脱粒齿、脱粒滤网、切草齿磨损，应换修脱粒齿、脱粒滤网、切草齿。

（11）脱粒滚筒经常堵塞。产生原因主要有：脱粒部各驱动皮带过松，应调紧脱粒部各驱动皮带；导轨台与链条间隙过大，调小导轨台与链条间隙；排尘手柄过闭，调整排尘手柄；脱粒齿与滤网磨损，更换齿与滤网；切草齿磨损，应换修切草齿。

（12）排草链堵塞。产生原因主要有：排草茎端链过松或磨损，应调紧排草茎端链或更换；排草穗端链不转或磨损，调修或更换排草穗端链；排草皮带过松，调紧排草皮带；排草导轨与链条间隙过大，调小排草导轨与链条间隙；排草链构架变形，应修换排草链构架。

第二节　玉米收获机

玉米收获机与小麦等作物收获机不同，一般需要自茎秆上摘下果穗，剥去苞叶，然后脱下籽粒，玉米茎秆切断后可铺放于田间，以后再集堆；或将茎秆切碎撒开，待耕地时翻入土中；也有在收果穗的同时将整秆切断、装车、运回进行青贮。

机械化收获玉米可用谷物联合收获机或专用的玉米联合收获机。

一、机械收获玉米的方法

用谷物联合收获机收获玉米有以下几种方法。

1. 捡拾脱粒

用割晒机（或人工）将玉米割倒，并放成"人"字形条铺，经几天晾晒后，再用装有捡拾器的谷物联合收获机捡拾脱粒（全株脱粒），但是捡拾器的耧齿应换上较粗的才能适应玉米的捡拾作业。这种方法的优点是不需增加收获玉米的专用设备，晾晒后玉米比较干燥，脱粒后籽粒也较干燥，有利于贮藏，且清选损失较少；缺点是劳动生产率低，受气候的影响较大，收获时应有干燥的天气。

2. 摘穗脱粒

谷物联合收获机换装上玉米割台，一次完成摘穗、脱粒、分离和清选等作业。留在地里的玉米茎秆，可用其他机器切碎还田。由于只有玉米果穗进入机器内，所以机器的负荷较轻，籽粒清洁率较高，脱粒损失较少，但摘穗时落粒掉穗损失较大。

3. 全株脱粒

有的谷物联合收获机换装上的玉米割台还装有切割器，先将玉米割倒，并整株喂入机器内，进行脱粒、分离和清选等作业，生产率较高。存在问题是：当玉米植株不很干燥时，被脱粒装置打碎的茎、叶、苞叶和穗芯等会黏附在逐稿器、筛子和滑板上，影响分离和清粮，并增大损失，且籽粒湿度也较大。

总之，在田间将玉米直接脱粒这种收获方法，要求玉米品种应具有成熟度基本一致的特点，收获时籽粒含水量应比较小

（以25%~29%的含水量为宜），还应具有充足的供干设备，能及时将籽粒含水量降到15%以下，以便贮藏。

二、玉米联合收获机的类型

玉米联合收获机一般是收获果穗，用拖车运回，经自然干燥或烘干，再进行脱粒。果穗不易霉烂，干燥后脱粒损失少；但摘穗时，落粒掉穗损失较大。

按摘穗器结构不同有以下两种。

（一）纵卧辊式玉米联合收获机

纵卧辊式玉米联合收获机以国产4YW-2型为例，它由东方红-802型拖拉机牵引，收两行，工作部件所需动力由拖拉机动力输出轴供给，一次完成摘穗、剥皮（剥果穗的苞叶）或茎秆切碎等项作业。摘穗方式为站秆摘穗，即摘穗时并未将玉米植株割倒，植株基部有1米左右仍站立在田间。

该机组成如图8-1所示，其工作过程如下：机器顺垄前进，分禾器从根部将玉米茎秆扶正并引向拨禾链，链分3层单排配置，将茎秆扶持并引向摘穗器。摘穗辊为纵向倾斜配置，每行有一对，相对向内侧回转。两辊在回转中将茎秆引向摘辊间隙之中，并不断向下方拉送，由于果穗直径较大通不过间隙而被摘落。摘掉的果穗由摘穗辊上方滑向第一升运器。果穗经升运器被运到上方并落入剥皮装置，若果穗中含有被拉断的茎秆，则由上方的除茎器排出。剥皮装置由倾斜配置的若干对剥皮辊和叶轮式压送器组成，每对剥皮辊相对向内侧回转，将果穗的苞叶撕开和咬住，从两辊间的缝隙中拉下，苞叶经苞叶输送螺旋推向机外一侧。苞叶中夹杂的少许已脱下的籽粒，在苞叶输送中从螺旋底壳（筛状）的孔漏下，经下方籽粒回收螺旋落入第二升运器，已剥去苞叶的果穗沿剥皮辊下滑入第二升运器与回收的籽粒一起被送到拖车。

经过摘穗辊碾压后的茎秆，其上部多已被撕碎或折断，基部有1米左右仍站立在田间。在机器后方设有横置的甩刀式切

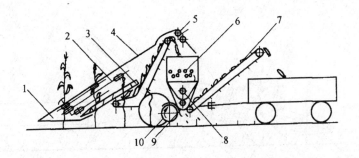

图 8-1　纵卧辊式玉米联合收获机

1. 分禾器　2. 拨禾链　3. 摘穗辊　4. 第一升运器　5. 除茎器
6. 剥皮装置　7. 第二升运器　8. 苞叶输送螺旋
9. 籽粒回收螺旋　10. 切碎器

碎器，将残存的茎秆切碎抛撒于田间。有的机器带有脱粒器和粮箱等附件。当玉米成熟度高而一致，且籽粒含水量较低时，可卸下剥皮装置和第二升运器换装脱粒器和粮箱，直接收获玉米籽粒。

（二）立辊式玉米联合收获机

立辊式玉米联合收获机以国产 4YL-2 型为例，它由东方红-802 型拖拉机牵引，收两行，工作部件所需动力由拖拉机动力输出轴供给，一次完成割秆、摘穗、剥皮和茎秆放铺或切碎等作业。摘穗方式为割秆后摘穗。

该机组成如图 8-2 所示，其工作过程如下：机器顺行前进，分禾器从根部将玉米秆扶正并引向拨禾链，拨禾链将整秆推向切割器。整秆被割断后，在切割器和拨禾链的配合作用下被送向喂入链。在喂入链将整秆夹持向摘穗器输送过程中，茎秆在挡禾板作用下呈倾斜状态，根部被摘穗器抓取。摘穗器每行有两对辊为斜立式，前辊起摘穗作用，后辊起拉引茎秆的作用，在此过程中果穗被摘下，落入第一升运器并运送至剥皮装置，茎秆则落在放铺台上，经台上带拨齿的链条被间断地推放在田间。

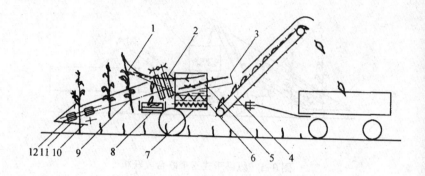

图8-2 立辊式玉米联合收获机
1. 挡禾板 2. 摘穗器 3. 放铺台 4. 第二升运器 5. 剥皮装置
6. 苞叶输送螺旋 7. 籽粒回收螺旋 8. 第一升运器 9. 喂入链
10. 圆盘切割器 11. 分禾器 12. 拨禾链

剥皮装置与纵卧辊式机型相似，果穗在此剥去苞叶，苞叶经苞叶输送螺旋推向机外。苞叶中夹杂的少许已脱下的籽粒，在苞叶输送中从螺旋底壳漏下，经籽粒回收螺旋至第二升运器，已剥去苞叶的果穗沿剥皮装置的剥皮辊下落至第二升运器，与回收的籽粒一起被送到拖车。若需茎秆还田，可将放铺台拆下，换装切碎器，能把整秆切碎并抛撒于田间。上述两种类型的玉米联合收获机在条件适宜的情况下，工作性能基本相同。即落粒损失为2%以下，摘穗损失2%~3%，总损失为4%~5%，籽粒破碎率为7%~10%，苞叶剥净率为80%以上，但在条件较差的情况下，则各有特点。一般在玉米潮湿、植株密度较大、杂草较多情况下，立辊式玉米联合收获机摘辊处易发生堵塞，而纵卧辊式玉米联合收获机则适应性较强、故障较少；但在收获结穗部位较低的果穗时，则立辊式机型漏摘果穗的损失较小。此外，立辊式能进行茎秆放铺，而纵卧辊式机型则不能放铺茎秆。

（三）玉米籽粒联合收获机

目前，使用较广泛的玉米籽粒收获机是专用的玉米摘穗台（又称玉米割台）配套于谷物联合收获机上，由摘穗台摘下玉米果穗，利用谷物联合收获机上的脱粒、分离、清粮装置来实现直接收获玉米籽粒。专用玉米摘穗台简化了玉米收获机的结构，提高了谷物联合收获机的利用率，经济效益高，是玉米收获机械化发展的趋势。玉米摘穗台有摘穗板式、切茎式、摘板切茎式等几种，目前主要采用的是摘穗板式摘穗台（图8-3）。

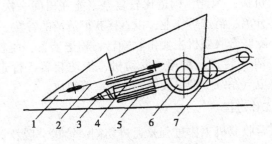

图8-3　摘穗板式摘穗台
1. 分禾器 2. 拨禾链 3. 拉茎辊 4. 摘穗板
5. 清除刀 6. 果穗螺旋推运器 7. 倾斜输送器

玉米摘穗台工作时，分禾器从茎秆根部将茎秆扶正，导向拨禾链（两组相向回转）。拨禾链将茎秆引进摘穗板和拉茎辊的间隙中。每行有一对拉茎辊，将茎秆向下拉引。在拉茎辊的上方设有两块摘穗板，两板的间隙小于果穗的直径，便于摘落果穗。摘下的果穗被拨禾链带向果穗螺旋推运器，将果穗从割台两侧向中部输送，经中部的伸缩拨指送入倾斜输送器，再送入谷物收获机的脱粒装置去脱粒。拉茎辊的下方设有清除刀，能及时清除缠绕在拉辊上的杂草，防止阻塞。

将摘穗台配置在谷物联合收获机上收获玉米时，应对脱粒、分离、清粮等装置根据所收获玉米的参数要求进行适当的调整。

收获的行数，根据谷物联合收获机的收获能力确定。

第三节 小麦收获机

一、小麦联合收获机的一般组成和工作过程

（一）组成

小麦联合收获机是将收割机和脱粒机用中间输送装置连接成为一体的机械，因此，构造比较复杂。能在田间一次完成切割、脱粒、分离、清选等作业，以直接获得清洁的谷粒。

一般小麦联合收获机主要由收割台、输送装置、脱粒装置、分离装置、清选装置、粮箱、发动机、传动装置、行走装置、液压系统、电气系统、操纵装置、驾驶室等组成。

（二）工作过程

小麦联合收获机工作过程是通过切割、输送、脱粒、分离、清粮 5 个工序来完成的。

1. 切割

收获机作业时，拨禾轮将作物拨向切割器，切割器将作物割下后由拨禾轮拨倒在割台上。

2. 输送

割台螺旋推运器将作物推集到割台中部，并由其上的伸缩扒指将作物送入倾斜输送器，再由输送链耙将作物喂入滚筒。

3. 脱粒

大部分谷粒连同颖壳杂穗和碎稿经凹板的栅格筛孔落到阶状输送器，长茎秆和少量谷粒被抛送到逐镐器上。

4. 分离

在逐镐器的抖动抛送作用下，谷粒和杂穗短镐落到键底，然后落在阶状输送器上（长茎秆被抛到草箱或地面）。

5. 清粮

在阶状输送器和筛子抖动输送过程中，小麦和颖壳杂物逐渐分离，在落到上筛和下筛的过程中，受到风扇气流吹散作用，颖壳碎镐被吹出机外。谷粒由谷粒升运器送入粮箱，未脱净的断穗经复脱器二次脱粒后再送回阶状输送器再次清选。

二、小麦联合收获机的使用操作要领

（一）使用前的准备

使用前，必须阅读使用说明书，熟悉收获机性能、构造原理和调整保养，方可使用操作。

按照联合收获机使用说明书的要求，检查调整收获机各组成装置，使之达到可靠状态。特别要以负荷大、转速高及振动大的装置为重点。如割台部分、脱粒部分、清粮和卸粮部分等。

检查各润滑部位的润滑油是否加足，检查各零部件有无松动、损坏，特别要以易磨损零件为重点，必要时更换。

联合收获机正式收获前，要进行全面试运转。试运转过程中要认真检查各部位的运转、传动、操作、调整等情况，发现问题及时解决。

（二）田间准备工作

收获前，先观察所要作业地块，熟悉地块各种情况。

选择机组行走路线，根据作物地形情况，确定收获方案。

清除田间障碍物，必要时要做好明显标记。

用牵引式联合收获机收获，要预先割出边道，地块较长时还要割出卸粮道。

（三）联合收获机田间操作

1. 地头起步

联合收获机应以较低的前进速度进入地头，但开始收获前发动机一定要达到正常作业转速，使脱粒机全速运转。自走式联合收获机进入地头前应选好作业挡位，且使无级变速降到最低转速，需增加前进速度时，尽量通过无级变速实现，而避免更换挡位。

2. 作业油门

一般情况下，采用大油门作业，联合收获机作业时应以发挥最大效能为原则，在收获时应始终大油门作业，不允许用减小油门的方法降低联合收获机的行走速度，因为这样会降低滚筒转速，造成脱粒质量降低，甚至堵塞滚筒。

3. 作业速度

联合收获机作业过程中，应尽量走直线，并保持油门稳定。在通常情况下，采用Ⅱ挡作业。当作物稠密、植株高大、产量高时，可采用Ⅰ挡作业；作物生长稀疏、植株矮小、产量低时，可采用Ⅲ挡作业。在早晚有雾露和雨后作业时，因作物茎秆潮湿，速度应低些，中午前后，作物茎秆干燥，速度可高些。

4. 地头转弯

联合收获机收获到地头转弯时，应缓慢升起割台，降低前进速度，但不应减小油门，虽割刀已不切割作物，但发动机仍应保持大油门运转 10~20 秒，以免造成脱粒滚筒堵塞。然后才能减小油门慢慢转弯。作业中，如遇到障碍物、转弯和倒车时，必须升起割台停止切割。

5. 拨禾轮转速

在一般情况下，拨禾轮圆周速度与收获机的前进速度相当，既要保证拨禾轮能有效地将谷物拨向切割器切割，又要避免因拨禾轮转速太高而打掉麦粒造成损失。当谷物已经成熟，过了适宜收获期，收获时易掉粒，应将拨禾轮转速适当调低，以防拨禾轮板击打谷穗造成掉粒损失，同时应降低作业速度。也可在早晨或傍晚收割。

6. 切割幅度

在负荷允许的情况下，应尽量满幅或接近满幅工作，此时的作业效率最高，但不要产生漏割，以减少收割损失。当谷物产量高或湿度过大时，就应减小割幅，一般割幅减少到 80% 时即可满足要求。

7. 割台高度

为方便割后耕作和播种作业，割茬应尽量低，这也是收割倒伏谷物、减少切穗、漏穗的重要措施，但割台高度最低不得小于 6 厘米，以免切割泥土，加速切割器磨损。根据作业质量标准收要求，割茬最高不得超过 15 厘米。

8. 行走路线

一是采用顺时针向心回转收获；二是采取逆时针向心回转收获。为便于左侧卸粮减少空行，多采用顺时针向心回转收获。对倒伏作物，应逆向或侧向收割，以减少谷物收获损失。

9. 眼观耳听

驾驶员进行收获作业时，应做到眼勤、耳勤和手勤。要随时观察驾驶台上的仪表、收割台上作物流动情况，各工作部件的运转情况。要仔细听发动机、脱粒滚筒以及其他工作部件的声音。看到或听到异常情况应立即停机排除。当听到发动机声音沉闷、脱粒滚筒声音异常，看到发动机冒黑烟，说明滚筒内脱粒阻力过大，应适当调大脱粒滚筒间隙、降低前进速度或立即踩下主离合器摘挡停车，切断联合收获机前进动力，然后加大油门进行脱粒，待声音正常后，再降低一个作业挡位或减少割幅，进行正常作业。

三、小麦联合收获机的主要调整

全喂入自走式联合收获机在收获过程中要随时根据天气变化、作物稀稠、干湿程度、谷物产量、自然高度及倒伏情况等，对拨禾轮的高度、前后位置和脱粒间隙等部位进行相应的调整。

（一）拨禾轮的调整

1. 拨禾轮高低的调整

在收割直立作物时，拨禾轮的弹齿或压板应作用在被割作物高度的 2/3 处为宜。收割高秆作物时，拨禾轮的位置应高些；收割矮秆作物时，拨禾轮的位置应低些，但不能使拨禾轮碰到割刀或割台搅龙。

2. 拨禾轮前后的调整

拨禾轮与切割器、割台搅龙是相互配合工作的。拨禾轮往前调，拨禾作用增强，铺放作用减弱；往后调，作用相反。一般要求拨禾轮在不与割台搅龙相碰的情况下，使拨禾轮轴位于割刀的稍前方。当其调到最后位置时，要求拨禾轮弹齿与割台搅龙间距不小于 20 毫米。

3. 拨禾轮弹齿倾角的调整

当收割直立或轻微倒伏作物时，拨禾轮弹齿一般垂直向下或向前呈 15°左右。当收割横向倒伏的作物时，只许将拨禾轮适当降低即可，但一般应在倒伏方向的另一侧收割，以保证作物喂入顺利，分离彻底，减少籽粒损失；当收割纵向倒伏的作物时，应逆倒伏方向作业，但逆向收获需空车返回，会降低作业效率；当作物倒伏不是很严重时应双向来回收割，逆向收割时应将拨禾轮弹齿调整到向前倾斜 15°～30°的位置，且拨禾轮降低并向后；顺向收割时应将拨禾轮的弹齿调整到向后倾斜15°～30°的位置，且拨禾轮升高并向前。

4. 拨禾轮转速的调整

拨禾轮转速一般用无级变速轮来调节。收割一般作物，拨禾轮圆周速度与收获机的前进速度相当；收割植株高、密度大的作物，拨禾轮圆周速度应略小于机组的前进速度；收割低矮、稀疏的作物，拨禾轮的圆周速度应稍快于收获机的前进速度。

（二）脱粒装置的调整

影响脱粒质量的主要因素是滚筒转速、脱粒间隙等。不同种类的作物脱粒时，滚筒转速、脱粒间隙不同。一般要求是在脱净的前提下，尽量使脱粒间隙大些。对于产量高、成熟度差、茎秆长的作物可选用低速挡工作；反之，可适当提高作业速度。在收割倒伏作物时，除尽可能减小割茬外，还要降低行走速度。

四、安全操作规程及使用注意事项

联合收获机驾驶操作人员，必须参加农机部门或生产等有关部门的技术培训和田间模拟驾驶操作训练，经农机监理机构考试合格，取得联合收获机驾驶操作证，驾驶证应当在有效期内，并具有一定的收获作业经验，方可驾驶操作。

联合收获机必须经农机监理部门检验合格，领取号牌和行驶证，方可使用。使用过的联合收获机必须经过全面的检修保养，技术状况良好，经农机监理机构年度安全技术检验合格，方可投入作业。

作业前，要严格按照使用说明书做好收获机维护保养，认真检查转向系统和制动装置的可靠性，以确保收获机处于良好状态。

参加作业的联合收获机、装粮车排气管必须装有防火罩，并且不得有漏油、漏电等现象，必须配备有效的消防器材。

发动机启动前，应将变速杆、动力输出轴操纵手柄置于空挡位置。

联合收获机起步、结合动力（或工作离合器）、转弯、倒退时，应鸣喇叭或发出信号，提醒有关作业人员注意安全。并观察联合收获机周边是否有人，接粮员是否坐稳，必要时应有联络人员协助指挥。起步、结合动力挡时速度应由慢逐渐加快；转弯、倒退时应缓慢。

联合收割机各传动部位必须安装防护罩网，驾驶室及梯子必须安装牢固可靠，作业人员必须由梯子上下，不得从其他部位跳上跳下，非作业人员不得在联合收获机上停留。

作业时，联合收获机驾驶室不得超员，收获机上可乘坐接粮员1人，不得乘坐与操作无关的人员。

新的或经过大修后的收获机，使用前必须严格按照技术规程进行磨合试运转。未经磨合试运转的，不得投入使用。

正常工作时不得用手触动各运转部件，在收割台下部进行检修或保养时应将收割台提升，并用安全托架或木块支撑稳固。凡各种调整、保养、检修、排除故障及添加燃油时，要在发动机停机熄火后进行。

作业中，驾驶员要集中注意力，观察、倾听机器各部件的运转情况和作业质量，发现异常响声或故障时，及时停机检查。切割器、喂入室及各部位堵塞时，应停机切断动力后，再进行清理和排除故障，确认工作人员离开排除故障部位后，方可开机继续作业。

作业过程中，应注意清理发动机散热器周围的茎秆和杂草，以防发动机开锅。如发现发动机严重过热时，应立即停机怠速运转，待机温下降后再添加防冻液或水。

收获作业时，驾驶员要做到"六看、二听、一闻、三不收"。

"六看"：一看前方有无障碍物；二看割台作物喂入、输送是否均匀流畅；三看割茬高低；四看粮仓来粮情况；五看尾部出茎秆情况；六看仪表指示是否正常。

"二听"：一听发动机声音是否正常；二听割台、脱粒清选部件运转声音是否正常。

"一闻"：注意有无传动皮带因打滑产生高温而发出的气味。

"三不收"：露水太大时不收；脱粒不净不收；清选不净不收。

接粮员工作时要注意力集中，如发现出粮口堵塞或其他故障时，应立即通知驾驶员停机并排除故障，在机组未完全停止运转前，严禁用手或工具伸入出粮口，卸粮时人体不准进入粮仓内清理粮食，以免发生危险。

收获机在转移地块或运输状态时，应脱开动力挡或分离工作离合器，把收割台提升到最高位置，并锁定保险装置，将割台拉杆挂在前支架的滑轮轴上。行驶途中左右制动踏板应连锁，不得在起伏不平的道路上高速行驶，通过狭窄路段时，应有人协助指挥驾驶。

联合收获机上道路行驶或转移时，应当遵守道路交通安全法律、法规规定，注意观察道路前方车辆、行人动态，遇有复杂情况时，应及时停机避让。上、下坡不得曲线行驶、急转弯和横坡掉头，下陡坡不得空挡、熄火或分离离合器滑行，必须在坡路停留时，应当采取可靠的防滑措施。

联合收获机任何部位上不得承载重物，不得用集草箱运载货物。

田块作物全部收获完毕后，应先慢慢降低发动机转速，再分离工作部件离合器。联合收获机停机后，应当切断作业离合器，锁定停车制动装置，收割台放到可靠的支承物上。

五、常见故障及排除方法

（一）割台部分故障

割刀堵塞。排除方法：调小定刀片与动刀片之间的间隙，校直变形刀杆或更换刀片；检修护刃器；清除硬质杂物；张紧传动皮带；适当提高割茬。

割台前部堆积谷物。排除方法：降低割茬高度；调整拨禾轮（注意拨齿不要与搅龙叶片相碰）；按要求调整割台搅龙与割台底板之间的间隙；提高拨禾轮转速。

割台搅龙堵塞。排除方法：降低割茬高度，适当降低拨禾轮；降低前进速度，减小割幅；校正割台底板或调整割台搅龙与割台底板的间隙；清理积谷；张紧传动皮带。

割下的作物向前倾倒。排除方法：降低前进速度，提高拨禾轮转速使之协调；清除壅土或检修切割器。

拨禾损失过大。排除方法：适当降低拨禾轮转速；后移拨禾轮；降低拨禾轮的位置。

输送槽堵塞：排除方法：清理堵塞物，张紧传送带；如麦秆过潮，应减少割幅或待麦秆晾干后收获。

（二）脱粒清选系统故障及排除方法

滚筒堵塞。排除方法：关闭发动机，清除阻塞茎秆；检查调整传动带松紧度，使传动带松紧和滚筒转速符合要求；降低前进速度；提高割茬或减少割幅，以减少喂入量；适当加大油门，提高发动机转速，使滚筒达到规定转速。

滚筒脱粒不净。排除方法：提高滚筒转速；减小凹板出口间隙；降低收获机前进速度；控制割幅宽度；更换纹杆或钉齿；修复或更换凹板栅条。

籽粒破碎率高。排除方法：降低滚筒转速；调大脱粒间隙；适当减少复脱器的搓板数。

滚筒室中有异响。排除方法：排除滚筒室异物；更换螺钉；修复变形纹杆或钉齿，重作滚筒平衡；调整并坚固螺钉，消除轴向窜动；检查更换损坏的轴承。

清选损失偏多（排出的颖糠中籽粒偏多）。排除方法：调大凹板筛片开度；减小调风板开度，使风量适度；降低收割机前进速度；提高割茬；降低滚筒转速，减轻清选负荷。

籽粒清洁度低（粮中含杂率偏高）。排除方法：调小筛片开度；适当加大调风板开度，增大风量。

茎秆中夹带籽粒多。排除方法；清理凹板筛下部堵塞物；调小凹板筛开度；检查脱粒清选皮带的松紧度；减少喂入量。

第四节　马铃薯收获机

马铃薯联合收割机能一次完成挖掘、分离土块和茎叶及装箱或装车作业的马铃薯联合收割机。按其分离工作部件结构的不同，主要分为升运链式、摆动筛式和转筒式三种，其中升运链式马铃薯联合收割机使用较多。

一、基本结构

其主要工作部件有挖掘部件、分离输送机构和清选机构、输送装车部件等。

（1）挖掘部件主要由挖掘铲、镇压限深轮和圆盘刀等部件组成。圆盘刀主要用来切开挖掘幅宽两边的地表及杂草，这有利于挖掘部件挖掘，减少挖掘阻力；镇压限深轮主要用来对收获前的地表滚压，粉碎地表土块，配合挖掘铲保证挖掘深度一致，提高挖掘质量，降低损伤率；挖掘铲由主铲和副铲组成，挖掘深度可根据不同土壤条件进行调整，提高机具的适应性。

（2）输送分离部件主要将薯块与土块、茎叶分离。

（3）清选机构主要由排茎辊配合拦草杆和输送链完成除茎功能。将茎叶和杂草由夹持输送器排出机器。在清选输送器上，薯块中夹杂的杂物和石块被进一步清除。

（4）输送装车部件主要由3节折叠机构、输送链和液压控制系统组成，完成输送装车任务。

二、工作过程

各种马铃薯联合收割机的工作过程大致相同，机器工作时，靠仿形轮控制挖掘铲的入土深度，被挖掘铲挖掘起的块根和土壤送至输送分离部件进行分离，在强制抖动机构作用下，来强化破碎土块及分离性能。当土块和薯块在土块压碎辊上通过时，土块被压碎，薯块上黏附的泥土被清除。此外，它还对薯块和茎叶的分离有一定的作用。薯块和泥土经摆动筛进一步被分离，送到后部输送器。马铃薯茎叶和杂草由夹持带式输送器排出机器。薯块则从杆条缝隙落入马铃薯分选台，在这里薯块中夹杂的杂物和石块被进一步清除。然后薯块被送至马铃薯升运器装入薯箱，完成输送装车任务。

三、使用及调整方法

下地前，调节好限深轮的高度，使挖掘铲的挖掘深度在 20 厘米左右。在挖掘时，限深轮应走在要收的马铃薯秧的外侧，确保挖掘铲能把马铃薯挖起，不能有挖偏现象，否则会有较多的马铃薯损失。

起步时将马铃薯收获机提升至挖掘刀尖离地面 5~8 厘米结合动力，空转 1~2 分钟，无异常响声的情况下，挂上工作挡位，逐步放松离合器踏板，同时操作调节手柄逐步入土，随之加大油门直到正常耕作。

检查马铃薯收获机工作后地块的马铃薯收净率，查看有无破碎以及严重破皮现象，如马铃薯破皮严重，应降低收获行进速度，调深挖掘深度。

作业时，机器上禁止站人或坐人，否则可能缠入机器，造成严重的人身伤亡事故。机具运转时，禁止接近旋转部件，否则可能导致身体缠绕，造成人身伤害事故。检修机器时，必须切断动力，以防造成人身伤害。

在行走时，行走速度可在慢 2 挡，后输出速度在慢速，在坚实度较大的土地上作业时应选用最低的耕作速度。作业时，要随时检查作业质量，根据作物生长情况和作业质量随时调整行走速度与升运链的提升速度，以确保最佳的收获质量和作业效率。

在作业中，如突然听到异常响声应立即停机检查，通常是收获机遇到大的石块、树墩、电线杆等障碍物的时候，这种情况会对收获机造成大的损坏，作业前应先问明情况再工作。

停机时，踏下拖拉机离合器踏板，操作动力输出手柄，切断动力输出即可。

四、常用故障及排除方法

马铃薯收获机常用故障及排除方法如表 8-2 所示。

表 8-2　常用故障及排除方法

故障现象	原因	排除方法
收获机前兜土	机器挖掘铲过深	调节中拉杆
马铃薯伤皮严重	挖掘深度不够 工作速度过快 拖拉机动力输出转速过大 薯土分离输送装置震动过大	调节拉杆，使挖掘深度增加 低速 转速必须是 540 转/分钟 拆除振动装置的传动链条
空转时响声很大	有磕碰的地方	详细检查各运动部位后处理
齿轮箱有杂音	有异物落入箱内 圆锥齿轮侧隙过大 轴承损坏 齿轮牙断裂	取出异物 调整齿轮侧隙 更换轴承 更换齿轮
薯土分离传送带不运转	过载保护器弹簧变松 传送带有杂物卡阻	调整或更换弹簧 清除杂物

第五节　花生收获机

花生联合收割机可一次完成花生挖掘、抖土、摘果、分离、清选、集果等多道作业工序，生产效率高，作业损失少，转移速度快，使用安全可靠。

一、基本结构

花生联合收割机主要由收获系统、摘果系统、清选系统等部分组成。

（一）收获系统

主要包括扶禾器、夹持输送链条、犁刀、限深轮，它主要实现花生秸秧及果实从地里起出，并将起出的花生秸秧连同果实一起输送到摘果系统和清选系统。

（1）扶禾与拨禾装置。该装置由扶禾器和拨禾链组成，扶禾器采用一对反向旋转的尖锥，起扶禾和分禾作用，把即将收获的大田花生秸秧从大田中分离出来，并扶正倒伏的秸秧。拨禾链采用带齿链条，将收拢的花生拨向夹持输送端。同时扶禾器的尖部能够将地膜划破，以利于收获。

（2）夹持输送链条。夹持输送装置的作用是保证在花生主根被挖掘铲铲断的同时将花生拔起，并迅速将其输送到摘果清选系统。

（3）犁刀是将花生的根茎切断连同果实一起根除，犁刀的入土深度直接影响收货质量和工作效率。

（4）限深轮的主要作用是调节犁刀的深浅。

（二）摘果系统

摘果系统主要包括抖土器、摘果箱、振动筛、清选风扇、提升器、果仓等几个部分，它可以使花生果实与秸秧分离，果实与土壤杂质分离。

（1）抖土器。位于机器前部，刚挖掘出的花生在链条输送的过程中，通过抖土器的轻轻敲击，土壤从果实上掉落，完成了果实的第一次清选。

（2）摘果箱。它由一对反向转动的倾斜式摘辊组成，每个摘辊上设有四个摘果板。

（3）振动筛。摘下的花生荚果经凹板筛和逐镐器落入到振动筛上，在振动筛的振动和风机的共同作用下进行清选，完成第二次清选。

（三）清选系统

清选系统将花生果实与杂土彻底清选、分离。

（1）清选风扇的作用是将振动筛上的花生果实中的草叶杂质吹出，完成果实的第三次清选。

（2）提升器将花生果从振动筛传送到果仓中，安装于机器的尾部。

（3）果仓是存储果实的容器，自动储存卸果。果仓装满后有驾驶员操纵液压手柄一次将果实卸到地面的接收苫布上。另外，行走系统主要包括变速箱、操纵手柄等。变速箱将发动机的动力传到驱动轮上，驱动机器运行。操纵手柄操纵机器顺利运行。液压系统包括收获器升降操纵手柄、果仓卸载操纵手柄等部件。

二、工作过程

机器可以一次完成花生的挖掘、除土、摘果、清选、集果等项作业，通过机器的行走带动，反向旋转的扶禾器，将倒伏的花生秸秧扶起、拢直，收获器的两个犁刀深入地下，将花生挖掘出来，由夹持输送链条将花生秸秧夹住往后输送，输送过程中通过收获器下部的一组抖土机构，去除夹带的大块泥土和石块等杂物，进行第一次清选。然后送入到摘果箱，通过反向运转的摘辊敲击、梳理和挤压，花生果实摘落下来，完成整个摘果过程。摘下的花生果实降落到振动筛上，通过风扇将杂质吹出，完成花生果的第二次清选。清选后的花生果实由提升机构运送到果仓，花生秸秧则通过机器后部落入到收获完毕的土地上。

三、花生联合收割机的正确使用

收获时，先调整机组方向，使夹秧器前端的拢秧装置对准待收的花生行，上下调整犁的深度，使之适合待收花生。然后，踩下机器"离合"踏板，使传动齿轮箱的离合手柄置于"合"的状态，使机器由慢到快运转起来。确认机器运转正常时，降落夹秧器前端到正常工作状态，然后挂上慢1挡开始正常收获作业。机器收获到地头，停止前进，升起夹秧器，使机器继续运转一段时间后，停机卸果或调头继续进行收获作业。

在操作使用中要注意以下几点：①花生输送器距离地面较近，因此机器进地工作时，应视地势而定，土壤水分含量太高时，机器不应工作；②为了提高花生收获机的作业效率，需要及时清理链条、链轮、振动筛、前轮上的杂物；③机器工作时，

调整犁的深度，不要使夹秧器的前头离地面太近，以免造成堵塞，非操作人员不要靠近旋转的链条、链轮处；④停机时，应先踩下拖拉机的"离合"，然后，使传动齿轮箱的离合手柄置于分离状态。

四、花生联合收割机常见的故障与排除

常见的故障如下。

提升器有异常响声。故障原因有链条松动或小碗变型。排除方法是调整提升器上端的两调节螺栓或更换小碗。

振动筛不工作。原因可能是偏心轮转轴已断或传动三角带已松动。排除方法是更换转轴、三角带或调整张紧轮的位置。

夹秧器有异常响声。原因可能是链条松动或上下夹秧器链片错位。排除方法是重新安装链条或调节夹秧器前光轮的位置。

掉果较多。原因是拍土装置摆幅太小。排除方法是调整拉杆的长度。

第六节 玉米脱粒机

玉米脱粒机属于收获机械的一种，是指能够将玉米穗上的籽粒与芯（梗）完好地脱落下，并分离出来的机械。我国山区小地块种植的玉米不便于联合收获机作业，加之收获期大部分玉米籽粒含水率都在25%~35%，甚至更高，收获时不能直接脱粒，一般采用分段式收获的方法，即果穗采摘后运回场上，剥皮、晾晒、脱粒。这种半机械化技术在山区应用较多。因此，正确使用与维护玉米脱粒机，不但能确保作业质量，而且能提高生产效率。脱粒季节过后，对脱粒机进行必要的维护保养，还可以延长脱粒机使用寿命。

一、玉米脱粒机的组成及工作过程

（一）组成

常用的玉米脱粒机主要由脱粒滚筒、筛状凹板、振动筛、风扇、配套动力等部件组成。从玉米脱粒机内部结构来看，滚筒和凹板筛是脱粒机的主要工作部件。

滚筒一般为钉齿形滚筒，钉齿为短粗圆柱形或方柱形，呈螺旋线排列。有些玉米脱粒机滚筒上呈螺旋线型安装着方形板齿。凹板筛的型式有栅格板式、冲孔筛式和编织式，其中栅格板式凹板的脱粒和分离能力最强，虽然对玉米穗的破碎较为严重，但其脱净率较高，因此，仍然是应用最为广泛的一种。

（二）工作过程

玉米脱粒机工作时，玉米穗从进料口喂入，在旋转的滚筒与筛状凹板内受到撞击，滚筒钉齿将玉米粒打搓脱落，通过筛状凹板下落，在下落的过程中，风扇气流将轻杂质吹出，玉米粒从出粮口排出。而玉米芯则沿着滚筒的轴向方向继续向后移动，直至排出机外。

脱粒滚筒的转速和脱粒间隙的大小，是影响玉米脱净率的重要因素，因此，滚筒转速和脱粒间隙调整必须规范，符合技术要求。一般而言，滚筒转速高，脱净率高，破碎率高；转速低，脱净率低，破碎率低。滚筒间隙大，脱净率低，破碎率低；间隙小，脱净率高，破碎率高。但在具体滚筒转速及间隙调整中，还要判断玉米的干湿情况，根据玉米含水率调整转速及间隙。

二、安全使用注意事项

使用玉米脱粒机前必须熟读使用说明书，并按使用说明书进行调整和保养，各润滑部位须加注润滑油。

玉米脱粒机作业场地要选平坦宽敞的地方，应将脱粒机四脚垫平，确保平稳牢固，以减少震动。并注意自然风向，出口尽量与自然风向一致。

使用电动机作动力的玉米脱粒机，必须检查电源线是否联结牢固，裹封严密并按装地线，有可靠的接地保护措施。

玉米脱粒机用柴油机作动力时，应在排气管上戴防火罩，防止火灾。

玉米脱粒机配套动力与脱粒机之间的传动比要符合要求，以免因脱粒机转速过高，振动剧烈，使零件损坏或紧固件松动而发生危险。

使用玉米脱粒机前必须认真检查转动部位是否灵活，脱粒滚筒、风机及轴承座和其他运动部件的螺栓不得有松动现象。检查安全设施是否齐全有效，严禁拆下防护罩。

玉米脱粒机使用前要进行试运转，空转 2 分钟，检查机器运转是否正常，皮带轮槽是否对正，查看有无卡滞、碰撞和其他异常现象，确保机内无杂物，一切正常后方可入料。

被脱粒的玉米棒含水量不得超过 20%，含水量过高，则达不到正常的脱粒效果。

玉米脱粒机工作时玉米棒喂入要连续均匀，喂入量应适宜。如断续喂入，喂入量过少会影响生产效率，喂入量过多会造成机子卡死和超负荷运转，甚至导致烧损电机和损坏设备。禁止使用铁棍、铁丝、木棒等硬物送玉米棒，要严防石块、木棍、金属等坚硬物喂入机内。

脱粒机作业时，操作人员应扎紧衣袖口、戴上口罩，留长发时应戴防护帽。未满 16 周岁的青少年或未掌握脱粒机使用规则的人员不得操作，严禁酒后、孕妇、未成年人操作玉米脱粒机。

玉米脱粒机在作业过程中，通过声音辨别机器的工作状态，如出现堵塞或其他故障，应停机后再进行清理检查、维修和调整。作业时严禁手伸入喂料口、排料口及传动部件，严禁将任何物体接触传动部件。

农机使用与维修

· 142 ·

玉米脱粒机不能连续作业时间过长，一般工作 8 小时左右要停机检查、调整和润滑，以防摩擦严重导致磨损、发热或变形。

玉米脱粒机工作结束前，应将投入的玉米棒完全脱净排出后空负荷停机，禁止带负荷停机。

三、维护与保养

玉米脱粒机每天使用前，应检查各部位固定螺栓是否紧固，滚筒固定螺母和轴承座固定螺栓是否紧固，所有松动螺栓均应紧固可靠。

机器放置 1 年以上，来年使用前应打开各轴承合盖加注润滑脂，正常工作时各润滑点每班加注润滑油一次。

电机长期停用后，下次启用前应先空运转 5 分钟（排潮）再带负荷使用。

工作结束后，应卸掉三角带，消除机器内外杂物，灰尘等，存放在卫生干燥处，以防腐蚀老化。

玉米脱粒机长期存放时，应向各注油点、润滑点加注足量的润滑油后，将脱粒机放置在干燥的库房或厂棚内，有条件时最好用枕木垫起，并盖上油布，以免机器受潮、暴晒或雨淋。

第九章　农副产品加工机械使用与维修

第一节　青绿饲料加工机械

青绿多汁饲料是指新鲜、含水量高的农作物根茎叶，如各种青饲料、块根茎类、水生植物、瓜菜类等。这类饲料可边采边喂，或密封青贮，以备冬春季使用。青绿多汁饲料的加工包括切碎、洗涤、打浆，蒸煮、混合等工序。常用的加工机械打浆机，青绿饲料切碎机、块根洗涤机等。

一、块根洗涤机

块根类饲料收获后，表面都黏有泥土和杂物，在加工饲喂前需要用洗涤机将其洗掉。对洗涤机的要求是耗水量要少，要基本洗净，残留泥土量不超过本身质量的 2%~3%。

块根洗涤机按其工作过程分为连续式和分批式两种；按其构造分为滚筒式、离心式和螺旋式三种；按作业方式分为洗涤机和洗涤切碎机两类。洗涤切碎机是目前国内外应用较多的一种机型。

二、青绿多汁饲料切碎机

（一）青绿多汁饲料切碎机

青绿多汁饲料切碎机是用来将青绿多汁饲料切碎成碎块，以便满足饲养要求。青饲料切碎机种类很多，目前常用的有以下六种（图9-1）。

（1）立轴多刀式青绿饲料切碎机。立轴多刀式青绿饲料切

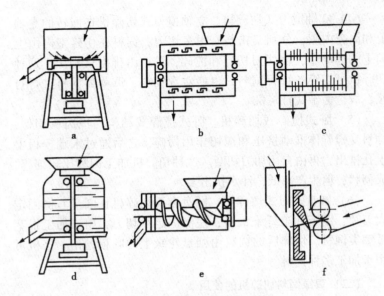

图 9-1 青绿多汁饲料切碎机
a. 立轴多刀式 b. 轴流滚筒式 c. 卧轴销连搅碎式
d. 立轴搅刀式 e. 卧式搅碎式 f. 圆盘多刀式

碎机在立轴上端的圆盘顶部、侧面以及壳体内表面，分别装有很多把切刀，饲料被高速回转的切刀切碎成小块之后，从排料口排出。这种切碎机结构简单，生产率高，加工质量好，适于加工各种青绿饲料。

（2）轴流滚筒式青绿饲料切碎机。轴流滚筒式青绿饲料切碎机在绕水平轴回转滚筒表面、钉壳内表面分别交错固定很多把切刀。饲料进入切碎室内，受动、定切刀作用，一面向前运动，一面被切碎，最后从排料口排出。这种切碎机适于切碎含水率不高、纤维质较多的青饲料，生产率较高。

（3）卧轴销连搅碎式切碎机。卧轴销连搅碎式切碎机在水平轴回转的转子上，安装 3~4 组螺旋排列的切刀。饲料在切碎室内一边向前移动，一边被切碎，并受叶片作用排出。这种切碎机适应性好，生产率高，应用较多。

（4）立轴搅刀式切碎机。立轴搅刀式切碎机在回转的立轴上和筒壳内侧，分别交错装有很多切刀，饲料在切碎室内由上向下的运动中，被切刀切碎和搅碎，最后由排出口排出。这种切碎机可切碎各种青饲料，也能对青饲料、瓜菜类饲料进行打浆，故称为干式打浆机。

（5）卧式搅碎式切碎机。卧式搅碎式结构与搅肉机相似，饲料受螺旋体推动挤压和搅切作用切碎，之后通过末端模板上模孔排出，再由专用切刀切断。这种切碎机加工饲料比较细碎，成糊状，但生产率低，汁水挤出多。

（6）圆盘多刀式切碎机。圆盘多刀切碎机在圆盘右侧固定大刀片，用于加工纤维饲料；左侧固定小切刀，用于加工根茎瓜菜类饲料。切碎后的饲料由圆盘轮缘上的叶板抛出。该机可用于加工多种饲料。

（二）青绿饲料切碎机的使用

在使用青绿饲料切碎机时，应遵循以下几项原则。

（1）检查。机器工作前应对各部分技术状态进行检查，只有在符合要求的情况下才能启动。

（2）工作。机器启动后应空转 5 分钟左右，运转正常后再加饲料。加料要均匀，注意排出杂质，要保持电动机满负荷工作。停机前 2 分钟停止喂料，以排出机内积存饲料。停机后应进行清理，必要时用水冲洗，防止机器生锈和积存饲料腐烂变质。

（3）主要工作部件磨损后应及时更换，更换时应注意保持转子的平衡要求。

（4）机器长期放置不用时应涂防锈油，并在通风干燥地方保存，以免锈损。

三、青绿饲料打浆机

将各种青绿多汁饲料，特别是含纤维质多的青饲料，加工成可溶于水的糊状饲料，称为青饲料打浆。青饲料打浆可扩大猪饲料来源，便于和其他饲料混合，减少饲料抛撒，增加猪的采食量，提高饲料利用率，在我国养猪业中应用很广。青饲料打浆耗能较大，通常比青饲料切碎功耗大一倍以上。

青饲料打浆要求是打浆时尽可能少加水，提高成品料含浆率；打浆后纤维长度要短。

青饲料打浆机按工作是否加水，分为干式和加水式（盆池式）两种；按安装方式，分为卧轴式和立轴式两种。目前应用较多的为卧轴盆池式打浆机。下面以这种机型为例说明青饲料打浆机的构造和工作过程。

图9-2为加水式青饲料打浆机的构造简图，该机主要由浆池、转子、护罩和机架等部分组成。浆池由钢板焊接而成，也可采用砖混结构，形状是椭圆形。中间有一隔板，池底向一端有斜度，在浆池端部有出料口。

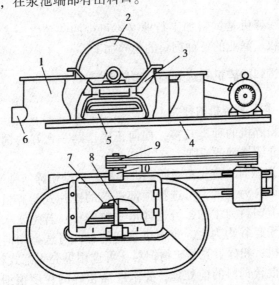

图9-2　加水式青饲料打浆机

1. 浆池 2. 护罩 3. 轴承座架 4. 机架 5. 梯形架
6. 出浆管 7. 切刀 8. 主轴 9. 皮带轮 10. 轴承座

转子由主轴和刀片组成，刀片数为 8~12 片，分为 4 组，以螺旋线排列，固定在主轴的刀柄上。刀片为矩形，两侧开刃，转子轴由两个轴承支撑在浆池隔板的一侧。转子上方有弧形罩，在刀片切碎方向前侧有部分盖板，以防止饲料飞溅，确保生产安全。

机器工作时，先将护罩盖好，往浆池内注入清水，使水面浸没刀片 2~4 厘米。开动电动机，当达到正常转速后，向池内加入一份饲料，饲料加入量应以使浆料在池内均匀流动为准。由于转子高速回转，浆料环绕隔板作循环流动，每经过一次转子工作区域，就将受到一次打击和切碎作用，直至浆料达到足够粗细度，便可停机，并从出料口将浆料放出。

第二节　饲料切碎机机械

饲料粉碎机是饲料加工行业必不可少的装备之一，广泛应用于农、牧、渔业的各种饲料的粉碎加工。

一、饲料粉碎机的选购及日常使用保养

（一）饲料粉碎机的种类

饲料粉碎机的种类较多，如何正确选购一台好的饲料粉碎机，下面介绍选型的原则。

（1）选型时，首先考虑所购进的粉碎机是粉碎何种原料的。粉碎谷物饲料为主的，可选择顶部进料的锤片式粉碎机；粉碎糠麸谷麦类饲料为主的，可选择爪式粉碎机；若是要求通用性好，如以粉碎谷物为主，兼顾饼谷和秸秆，可选择切向进料锤片式粉碎机；粉碎贝壳等矿物饲料，可选用贝壳无筛式粉碎机；如用作预混合饲料的前处理，要求产品粉碎的粒度很细又可根据需要进行调节的，应选用特种无筛式粉碎机等。

（2）一般粉碎机的说明书和铭牌上，都载有粉碎机的额定生产能力。但应注意几点：

①所载额定生产能力，一般是以粉碎玉米，含水量为储存安全水分（约13%）和1.2毫米孔径筛片的状态下台时产量为准。因为玉米是常用的谷物饲料，直径1.2毫米孔径的筛片是常用的最小筛孔，此时生产能力小，这就考虑了生产中较普遍又较困难的状态。

②选定粉碎机的生产能力略大于实际需要的生产能力，避免锤片磨损、风道漏风等引起粉碎机的生产能力下降时，不会影响饲料的连续生产供应。

（3）粉碎机的能耗很大，在购买时，不可不考虑节能。根据有关部门的标准规定，锤片式粉碎机在粉碎玉米用1.2毫米筛孔的筛片时，每度电的产量不得低于48千克。目前，国产锤片式粉碎机的度电产量已大大超过上述规定，优质的已达70~75千克/度电。

（4）粉碎机的配套功率。机器说明书和铭牌上均载有粉碎机配套电动机的功率千瓦数。它往往表明的不是一个固定的数而是有一定的范围。例如，某厂生产的9FQ20型粉碎机，配套动力为7.5~11千瓦；9FQ60型粉碎机，配套动力为30~40千瓦。这有两个原因：一是所粉碎原料品种不同时所需功率有较大的差异。例如，在同样的工作条件下，粉碎高粱比粉碎玉米时的功率大1倍。二是当换用不同筛孔时，粉碎机的负荷有很大的影响。有人认为，60型粉碎机使用1.2毫米筛孔的筛片时，电机容量应为40千瓦，换用2毫米筛孔的筛片时，可选用30千瓦电机，3毫米筛孔则为22千瓦电机。否则会造成某种程度的浪费。

（5）应考虑粉碎机排料方式。粉碎成品通过排料装置输出有3种方式：自重落料、负压吸送和机械输送。小型单机多采用自重下料方式以简化结构。中型粉碎机大多带有负压吸送装置，优点是可以吸走成品的水分，降低成品中的湿度有利于储存，提高粉碎效率10%~15%，降低粉碎室的扬尘度。机构输送多为台式产量大于2.5吨的粉碎机采用。

（6）粉碎机的粉尘与噪声。饲料加工中的粉尘和噪声主要来自粉碎机。选型时应对此两项环卫指标予以充分考虑。如果不得已而选用了噪声和粉尘高的粉碎机应采取消音及防尘措施，以改善工作环境，有利于操作人员的身体健康。

（二）日常检修和保养

除了要正确使用饲料粉碎机外，还应该对饲料粉碎机进行必要的日常检修和保养，预防粉碎机故障的出现，延长其使用寿命。

（1）筛网的修理和更换筛网是由薄钢板或铁皮冲孔制成。当筛网出现磨损或被异物击穿时，若损坏面积不大，可用铆补或锡焊的方法修复；若大面积损坏，应更换新筛。安装筛网时，应使筛孔带毛刺的一面朝里，光面朝外，筛片和筛架要贴合严密。环筛筛片在安装时，其搭接里层茬口应顺着旋转方向，以防物料在搭接处卡住。

（2）轴承的润滑与更换粉碎机每工作 300 小时后，应清洗轴承。若轴承为机油润滑，加新机油时以充满轴承座空隙 1/3 为宜，最多不超过 1/2，作业前只需将常盖式油杯盖旋紧少许即可。当粉碎机轴承严重磨损或损坏，应及时更换，并注意加强润滑；使用圆锥滚子轴承的，应注意检查轴承轴向间隔，使其保持为 0.2~0.4 毫米，如有不适，可通过增减轴承盖处纸垫来调整。

（3）齿爪与锤片的更换。粉碎部件中，粉碎齿爪及锤片是饲料粉碎机中的易损件，也是影响粉碎质量及生产率的主要部件，粉碎齿爪及锤片磨损后都应及时更换。齿爪式粉碎机更换齿爪时，应先将圆盘拉出。拉出前，先要开圆盘背面的圆螺母锁片，用钩形扳手拧下圆螺母，再用专用拉子将圆盘拉出。为保证转子运转平衡，换齿时应注意成套更换，换后应做静平衡试验，以使粉碎机工作稳定。齿爪装配时一定要将螺母拧紧，并注意不要漏装弹簧垫圈。换齿时应选用合格件，单个齿爪的重量差应不大于 1.0~1.5 克。

锤片式粉碎机的锤片有的是对称式，当锤片尖角磨钝后，可反面调角使用；若一端两角都已磨损，则应调头使用。在调角或调头时，全部锤片应同时进行，锤片四角磨损后，应全部更换，并注意每组锤片重量差不得大于 5 克；主轴、圆盘、定位套、销轴、锤片装好后，应做静平衡试验，以保持转子平衡，防止机组振动。此外，固定锤片的销轴及安装销轴的圆孔由于磨损，销轴会逐渐磨细、圆孔会逐渐磨大，当销轴直径比原尺寸缩小 1 毫米，圆孔直径较原尺寸磨大 1 毫米时，应及时焊修或更换。

二、普通饲料粉碎机故障及其排除

锤片粉碎机一般故障及排除方法见（表 9-1）。

表 9-1　锤片粉碎机故障及排除方法

故障现象	故障原因	排除方法
粉碎机强烈震动	1. 电机转子、粉碎机转子及联轴器三者联接不同心、不平衡 2. 锤片安装排列有误 3. 对应两组锤片质量差过大 4. 个别锤片卡住，没有甩开 5. 转子上其他零件不平衡 6. 主轴弯曲 7. 轴承损坏	1. 调整电机位置，使两转子同心，校正粉碎机转子同心度，正确安装联轴器 2. 按锤片排列图重新安装 3. 重新调换锤片，使每组质量差不超过 5 克 4. 使锤片转动灵活 5. 平衡转子 6. 校直或更换新轴 7. 更换轴承
轴承过热	1. 主轴与电机中心不同心 2. 润滑指过多、过少或不良 3. 轴承损坏 4. 主轴弯曲或转子不平衡 5. 轴承与轴的配合过紧或轴承与轴配合过紧或过松	1. 调整电机中心使其与主轴同心 2. 换润滑指，按规定加油 3. 换新轴承 4. 校直主轴，平衡转子 5. 拆下轴承重装，若轴承损坏，应更换
粉碎机堵塞	1. 进料速度过快 2. 出料管道不畅或堵塞 3. 风机工作不正常或出料管道漏风 4. 锤片折断、磨损或筛片孔封闭、破烂	1. 减少喂入量，并均匀喂料 2. 清通送风口 3. 检查风机和出料管道，并排除故障 4. 停机清除异物，根据破坏情况修补或更换锤片和筛片

（续表）

故障现象	故障原因	排除方法
粉碎室内有异常响声	1. 铁石等硬物进入机内 2. 机内零件脱落或损坏 3. 锤筛间隙过小	1. 停机清除硬物 2. 停车检查，更换零件 3. 使间隙符合规定尺寸
电机启动困难	1. 电压过低 2. 导线截面积过小 3. 启运补偿器过小 4. 保险丝易烧断	1. 躲过用电高峰再进行启动 2. 换适当的导线 3. 换大启动补偿器 4. 换与电机容量相符的保险丝
电机无力过热	1. 电机两相运转 2. 电机绕组短路 3. 长期超负荷	1. 接通断相，三相运转 2. 检修电机 3. 额定负荷下工作
控制回路问题	1. 交流接触器触头断相或短路 2. 热继电器的热元件损坏、误动作或不动作 3. 时间继电器延时不准或不延时	1. 检查触头触情况，拧紧连接螺丝，清除接触器灰尘 2. 更换烧断的热元件，调整定值使之恰当 3. 修理和调整

三、饲料粉碎机的安全使用

用户在使用粉碎机时，除了注意按照产品使用说明书的要求严格操作以外，还应注意以下几点。

一是粉碎机应按规定的配套功率选择动力（电机或柴油机），并严格按各种型号粉碎机的主轴额定转速选择配套动力的转速，不得提高主轴的转速。粉碎机超速运转往往会带来很大的安全隐患。

二是粉碎机长期作业，应固定在室内水泥地上。如果经常变动作业地点，粉碎机与电动机要安装在角铁制作的机座上。如果粉碎机用柴油机作动力或安装在小四轮拖拉机的车体上，两者功率应匹配，即使柴油机功率略大于粉碎机功率，必须使两者的皮带轮槽一致，皮带轮外端面在同一平面上，粉碎机设计在小四轮的车头或车尾，固定要稳，皮部传动部位要设防护网罩。

三是电机必须要有可靠的接地，以免发生不必要的意外。

四是粉碎机安装完后要检查各部分紧固件的紧固情况，若有松动须予以拧紧。

五是检查皮带松紧度是否合适，电动机轴和粉碎机轴是否平行。

六是粉碎机启动前，先用手转动皮带轮或转轮，检查一下齿爪、锤片及转轮运转是否灵活可靠，壳内有无碰撞现象，转轮的旋向是否与机上箭头所指方向一致，机体润滑是否良好。

七是不要随意更换皮带轮，以防转速过高使粉碎室产生爆炸，或转速太低影响工作效率。

八是粉碎机启动后先空转 2~3 分钟，没有异常现象后再投料使用。

九是工作中要随时注意粉碎机的运转情况，送料要均匀，以防阻塞闷车，不要长时间超负荷运转。若发现有振动、杂音、轴承与机体温度过高、向外喷料等现象，应立即停机检查，排除故障后再继续工作。

十是粉碎前应对物料仔细检查，以防铜、铁、石块等硬物进入粉碎室造成事故和机件损坏。

十一是操作人员不要戴手套，喂料时应站在粉碎机的侧面，以防反弹杂物、粒料打伤面部。

十二是堵塞时，严禁用手、木棍强行喂入或拖出饲料。应切断动力后，将喂入室内的物料清出后，再进行工作。

十三是喂料结束后要让粉碎机继续运转 1~2 分钟，待机内物料全部被粉碎并排出后再停机。

十四是清理粉碎室内的堵塞物、调整更换锤片、筛片和皮带时，必须切断电源，等机器停止运转后方可进行，以保证安全。

十五是定期检查锤片、扁齿有无裂纹，是否磨损。

用户尤其要注意的是为避免粉尘爆炸情况，粉碎作业场所应宽敞、通风，并备有可靠的防火设施。

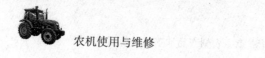

第三节 秸秆处理和草粉加工机械

一、秸秆粉碎还田机主要的部件组成

（一）秸秆粉碎还田机械化技术简介

秸秆内含有农作物需要的氮、磷、钾、镁、钙、硫等重要的营养元素，因此秸秆粉碎经还田腐烂分解后可使土壤有机质含量增加，从而避免了单独大量投入化肥而导致的土壤板结、污染环境等，此外，也避免了焚烧秸秆污染大气及引起火灾。秸秆还田后，增加了土壤有机质，并具有保水保肥能力。秸秆还田机械化使田间垂直或铺放的秸秆直接粉碎还田，将原来手工还田作业的挖、摘、捆、运、铡、撒、翻等工序一次完成，省工又省时，近年来在我国农村得到广泛推广。

现将玉米、小麦秸秆还田机械化工艺列举如下。

1. 玉米

机械化摘穗→秸秆粉碎→铺撒→施肥→旋耕或重耙灭茬→深耕→耙磨→播种。

2. 小麦

（1）割晒机收割（留高茬）→秸秆粉碎还田机粉碎→免耕播种晚秋作物。

（2）联合收割机收割（留高茬）→秸秆粉碎还田机粉碎→免耕播晚秋作物。

（3）联合收割机收割（留高茬）→秸秆粉碎还田机粉碎→耕翻覆盖→放水整地→插秧。

（二）秸秆粉碎还田机的结构

1. 卧式秸秆粉碎还田机结构

（1）结构。卧式秸秆粉碎还田机的刀轴呈横向水平配置，安装于刀轴上的甩刀在纵向垂直面内旋转。该机由传动机构、工作部件、罩壳和辅助部件组成。

①传动部分。拖拉机动力输出轴的动力经传动齿轮箱传至刀轴。传动部分包括万向节传动轴、齿轮箱侧边皮带传动装置（或侧边齿轮传动装置）等。万向节传动轴连接动力输出轴和还田机的齿轮箱输入轴。为了适应还田机的升降及作业时留茬高低的调节需要，万向节传动轴可以在方套管内自由伸缩。

齿轮箱内安装有一对圆锥齿轮，起改变转动方向和增速的作用。动力经齿轮箱传至侧边皮带轮（或侧边齿轮）箱后传至刀轴，因此动力是一种侧边传动的形式。这种侧边传动形式较简单。因刀轴转速在 1 200 转/分以上，侧边传动采用皮带轮传动较好，若为齿轮传动，一旦粉碎部件碰到石块，则损坏齿轮。

②粉碎室。粉碎室由罩壳、刀轴、刀片等组成。罩壳前方稻秆入口处装有角钢制成的定刀床，后下部开放。有的秸秆还田机还装有使碎秆均匀撒布的导流片。

甩刀有 L 形、直刀形、锤爪式等，如图 9-3 所示。"L"形甩刀又分为横切和斜切两种。对粗、脆的玉米秸秆应以打击与切割相结合的方式予以粉碎，所以多采用斜切"L"形刀片；小麦、水稻秸秆细软、质轻，应以切割为主，打击为辅，且要求支承切割，故采用直刀形刀片，并要求刀刃锋利，但这种刀片结构较复杂；锤爪形刀片质量大，重心近刀端，所以惯性大，打击性能较强，但功率消耗较大，多用于大中型还田机具上。

③其他辅助部件。包括悬挂架、限深轮等。通过对限深轮的高度调整，改变甩刀的离地间隙。合理的离地间隙应使留茬高度不高，且又要保证甩刀不会打土。若甩刀打土则会造成传动部件的损坏和动力消耗过大，还会使刀片过早磨损。

（2）秸秆粉碎还田机的工作原理。各种秸秆还田机的工作过程基本相似，现以锤爪式秸秆还田机为例来说明其工作原理。还田机的刀轴既转动又随机组前进，当秸秆工作部件攫住后被均匀分布铰接在刀轴上的锤爪切断。由于锤爪的高速回转，使

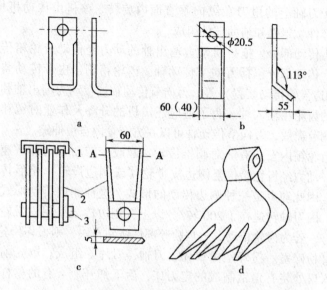

图 9-3 甩刀的类型（毫米）

a. 横切"L"形；b. 斜切"L"形；c. 直刀形 1. 定刀；2. 动刀；3. 销轴；d. 锤爪形

喂入口处形成负压，切断的秸秆被吸入壳内，随后又受到多次锤击，并同原来铺堆的秸秆一起进入到后排定刀齿间隙处，受到再一次剪切、搓揉与撕拉的作用，进一步破碎，最后经导流板均匀地抛撒于田间。

2. 立式秸秆粉碎还田机

立式秸秆粉碎还田机由悬挂架、齿轮箱、罩壳、粉碎秸秆的工作部件、限深轮和前护罩等组成，该机结构如下。

（1）齿轮箱。齿轮箱位于机体上方，有一对圆锥齿轮。当拖拉机动力输出轴的动力经万向节传动轴传入齿轮箱的输入横轴，再经过圆锥小齿轮的增速和变向后，驱动纵轴回转并带动安装于轴上的刀盘工作。

（2）罩壳。罩壳又兼作机架，在其侧板上装有定刀块，将秸秆切割变成有支承的切割。在前方喂入端还设有喂入导向装置，使两侧的秸秆向中间聚拢，以便甩刀对集中的秸秆做有效的打击，获得较好的效果。罩壳的前下方还装有带防护链或防护板的前护罩，其作用是控制秸秆单向运动，即只能从前方进入，而不会使粉碎后的秸秆向前方抛出。罩壳后方排出口装有排出物导向板，使秸秆铺放均匀。

（3）工作部件。甩刀用铰接方式安在刀盘或刀筒上，刀盘或刀筒与主轴固定连接。国内立式秸秆粉碎机甩刀多采用"L"形，其捡拾、粉碎能力较强。为了提高粉碎质量，国内有的机型还采用多层刀的配置。

（4）限深轮。装在机具两侧或后部的限深轮，其高度是可调的。调整限深轮的高度即可调整机器的留茬高度，以保证甩刀不会打土。

3. 其他秸秆还田机复式作业机械

（1）秸秆粉碎灭茬机。拖拉机动力输出轴传来的动力同时驱动粉碎刀轴和破茬刀轴旋转，两者转速分别为 1 400 转/分和240 转/分，两轴转向相反。两道工序一次完成，破茬工作深度为 4~8 厘米。该机效率较高，作业后地面平整，但拖拉机工作条件恶劣，除了要承受较重负荷外，还因负荷变化大且频繁而承受冲击与振动。

为了减轻上述弊端而导致的机件磨损，随后又研制出双动力秸秆粉碎灭茬机。它由小拖拉机牵引行走，另配置小柴油发动机来驱动工作部件，作业幅宽为 2 行（约 650 毫米），功率为11~13.2 千瓦。另一种机型为单行作业，约 310 毫米，配置一台 S195（7 千瓦）作为驱动工作部件的动力。

（2）灭茬旋耕机。灭茬旋耕机可一次完成灭茬、旋耕两种作业。该机由拖拉机动力输出轴输入动力，分别驱动前面的灭茬刀轴和后面的旋耕刀轴，它们的转速分别为 300 转/分和 200转/分左右。两刀轴同向转动，破巷深达 6 厘米左右，旋耕 4 厘米左右。灭茬刀片在灭在刀轴上分段安装，每段间隙 60 厘米。灭茬刀片的形状与旋耕刀相似，但刀刃部分较长。

除上述的秸秆粉碎灭茬机型外，有的也在联合耕整地机械中安装上灭茬部件进行复合作业，以求节约成本和时间。国外对粉碎灭茬机械的研制也十分重视，如德国的联合耕作机安装上包括从灭茬到播种的一系列工作部件，效率较高。

（3）旋耕埋草机。20世纪90年代初我国南方开始推广使用秸秆整株还田技术，即在前茬作物收获后，将一定数量的秸秆均匀地铺放于待翻耕的水田内，灌水软化土壤，进行旋耕埋草机与埋覆秸秆两项作业，这样就省去集、锄、切等工序，及时埋覆秸秆，减少用工，节约成本，且缓解农业茬口上的紧张程度，还减少了拖拉机压实地面的次数，所以受到了农民的欢迎。旋耕埋草机是在原手扶拖拉机工农-12、东风-12配套的旋耕机基础上改进而成的，其变速、传动部件仍利用旋耕机原有的机构，但工作部件更换为"门"形犁刀片。该种刀片两侧的旋耕刀为两把中间带齿的横刀，三者组成"门"字形。必须指出的是两把旋耕刀并不是在同一平面内，而是在同一柱形平面内且成20°夹角，横刀也成一定夹角，以利于均匀入土和切土。由于横刀是焊接在两把相互错开20°角的仿旋耕刀上，而横刀本身又是一个未作扭面的平面，所以横刀上各个纵向截面内的切削角的大小不是相等的。横刀有二齿式和三齿式两种。在刀轴上有4个刀盘，每一把"门"形犁刀分别安装在两个相邻的刀盘上。

为防止刀轴头部缠草，保护轴承与油封，在刀轴两端最外侧装有阻草刀，以切断杂草。旋耕埋草机安装于拖拉机变速箱的后部，动力来自变速箱，通过链轮、双排滚子链传至刀轴。工农-12型手扶拖拉机在犁刀传动箱内可以变速，拨叉可以移动犁刀快速齿轮（36齿）或慢速齿轮（19齿）实现变速。此外与变速箱一挡主动齿轮（19齿）或与主动双联小齿轮（22齿）啮合，可获得不同转速。除此之外，一对链轮还可以上下调换位置，也可获得不同的速度。

（三）平地合墒器

平地合墒器是一种与铧式犁配套进行复式作业的整地机具，

可在犁耕的同时，起碎土、保墒、平整地表和合墒等作用。平地合墒器主要由斜梁、圆盘、悬臂、悬臂座、撑杆、深浅调节机构和平地角铁等组成，每个圆盘通过小轴和轴承并排装在斜梁上；斜梁通过悬臂与悬臂座安装在犁架主梁上。斜梁斜度可通过撑杆调节，以改变圆盘的偏角。圆盘入土深度可通过深浅调节丝杠调整。

工作时，圆盘以一定的偏角滚动前进，切碎土垡，并由平地角铁进一步将地表耪平。圆盘滚动中，依次逐盘将一部分表土由前向后递送，在最后一铧沟沿上形成一条埂。在以后行程中，土埂逐次推移，直至最后合墒时，调大偏角，将土埂填入犁沟。

二、秸秆粉碎还田机的田间作业

（一）作业前技术状况检查

（1）必须仔细检查各零部件连接的可靠性，检查调整三角皮带的张紧程度。

（2）传动部件应转动灵活。

（3）刀片、刀轴不应出现变形和缺损。

（4）按要求加注润滑油和润滑脂。

（5）正确安装万向传动轴，其要点是中间方轴夹叉和方轴套夹叉的开口要在同一平面内。否则在工作时，转速不匀，产生振动，发现响声，甚至损坏机件。当提升机具时，方轴与方套不能顶住，工作时要有足够的配合长度。

（6）应在正式作业前空转2~3分钟，确认各部分运转正常后，才能承受负荷正式作业。

（二）田间作业

1. 机组调整和使用

（1）机组在作业前应对田间障碍物、电线杆、废井等做出标记，并平整田内水沟、土埂。机组进入地块以后，调整拖拉

机上、下拉杆，使机具前后、左右保持水平。调整好限深轮的高度，保持合理的留茬高度，严防刀片入土。

（2）根据作物密度和长势、土壤含水量和坚实度，采用不同速度。拖拉机负荷过大时，要注意调整，不要满负荷作业。

（3）挂接动力输出时，要低速空负荷运转，待发动机加速至额定转速后，机组才能缓慢起步，再投入负荷作业。严禁带负荷启动粉碎机或起步过猛，以免损坏机件。动力输出轴在接合后，不能过快及过高提升粉碎机；长距离运输或转移地块，应切断动力。

（4）作业时，严禁带负荷转弯和倒退。

（5）遇到较大沟埂要及时提升粉碎机。

2. 安全事项

（1）作业中听到异常响声应立即停车检查，排除故障后，方可继续作业。

（2）传动皮带应定时调整张紧程度，以免降低刀轴转速，影响作业质量及加速皮带磨损。

（3）清除工作部件上的缠草、泥土。检查万向节、刀片、齿轮箱等各零部件时，必须停车切断动力输出轴动力后方可进行。

（4）机组作业时，严禁靠近机组和站坐在机器上。

三、秸秆粉碎还田机的保养及维修

（一）机器保养与保管

（1）应及时放出齿轮箱底部的沉积物，并于齿轮箱内加注清洁的齿轮油至一定油面。每年要清洗齿轮箱，彻底更换箱内旧齿轮油。每班作业后要加注黄油至各润滑处。

（2）每班作业后应及时清除附于机壳内壁的秸秆、杂草与尘土。

（3）及时更换严重磨损的工作部件。

（4）作业结束后应清洗、检修整机，更换损坏件，各轴承内注满润滑脂，做好各部件防锈处理，卸下传动皮带予以保存。机具支放在垫好的物体上，勿以地轮为支撑点，停放处应干燥。

（二）常见故障及其排除方法

秸秆粉碎还田机的常见故障及其排除方法如表9-2所示。

表9-2　秸秆粉碎还田机的常见故障及其排除方法

故障现象	故障原因	排除方法
传动皮带磨损严重	①张紧度不当 ②传动皮带长度不等 ③负荷过重或刀片打土	①调整张紧度至适当程度 ②传动皮带长度不等 ③换至低挡作业，适当提高留茬高度
粉碎质量不好	①传动皮带过紧 ②刀片缺损或磨损 ③速度过快 ④负荷过重 ⑤刀片装反	①调整 ②补充或更换 ③减速 ④减少作业行数 ⑤重装
出现异常声响	①刀片孔磨损增大孔径 ②刀片销轴磨损 ③轴承损坏或固定螺栓松动	①更换 ②换销轴 ③换轴承或紧固螺栓
齿轮箱有杂音，温升过高	①齿轮箱间隙不当 ②齿轮损坏 ③油面不当	①调整间隙 ②更换齿轮 ③清除异物
刀片折断	碰到硬质物体	更换折坏的刀片，加高留茬高度
齿轮箱漏油	①油封损坏或失效 ②密封垫破损 ③放油塞不紧	①更换 ②更换 ③拧紧放油塞
轴承温升过高	①缺油 ②传动皮带过紧 ③轴承损坏	①加润滑油 ②正确调整皮带张紧度 ③更换轴承

（续表）

故障现象	故障原因	排除方法
机器强烈振动	①刀片脱落 ②螺栓松动 ③万向节叉装反 ④轴承损坏	①补充刀片 ②紧固 ③正确安装 ④更换
万向节传动轴折断	①传动部件卡住 ②突然超载	①排除故障，必要时更换有故障或缺陷的传动零部件 ②减轻负荷
万向节损坏	①缺油 ②装错万向节 ③倾角过大 ④降落过猛	①加注润滑油 ②重新安装 ③提升勿过高，调整限位链 ④缓降机具
花键轴损坏	①启动过猛 ②倾角过大	①空载、低速启动，平稳起步 ②提升勿过高，调整限位链
喂入口堵塞	①秸秆过密 ②速度过快	①减少粉碎行数 ②减速作业

第四节　谷物干燥机

一、谷物干燥的过程

谷物干燥过程中，谷物的受热温度不能超过某一限定温度，如果温度过高，必使谷物的品质产生热变性，从而降低其使用价值。为解决这一问题，不少学者通过试验研究，探索出了各种谷物的允许受热温度。苏联学者普季秦研究出的谷物允许最高受热温度公式反映了谷物允许受热温度与原始含水量和受热时间的关系，他认为谷物原始水分高和受热时间长时，谷物的允许受热温度应降低。

将谷物中的含水量降低到适宜贮存的水分，需要经过一定的时间，时间的长短受许多因素影响，若应用低温气体做干燥介质，所需的干燥时间较长，干燥效率较低，因此当前的干燥机械，其干燥介质多采用加温气体，以缩短干燥时间，提高工效。

谷物干燥过程分为预热、等速干燥、减速干燥、缓苏及冷却五个阶段。各阶段的过程如下。

（一）谷物预热

在这个阶段，气体传递的热量主要用来使谷物升温，谷物中水分减少量不明显，但干燥速度由零迅速增大。

（二）等速干燥

谷物温度升至一定温度后，谷物水分由里向外扩散的速度较大，干燥速度较快且其速度维持稳定不变，谷物保持在湿球温度，谷物水分直线下降。一段时间之后，谷物温度上升到允许的最高温度，含水量下降，速度逐渐变缓。

（三）减速干燥

在这一阶段，谷物中的水分已较等速干燥阶段显著减少，其内部扩散慢于表面蒸发，因而干燥速度逐渐变缓，谷物温度逐渐上升，谷物水分曲线下降。

（四）谷物缓苏

在谷物经过高温快速干燥后，由于降低内外温差，需缓慢由内向外移动。在这一过程中，谷物表面温度有所下降，水分少许降低，干燥速度变化很小。

（五）冷却

将谷物温度降至常温。冷却阶段谷物水分基本不变。

冷却阶段要求谷物温度下降到不高于环境温度5℃，在冷却过程中谷物水分保持不变，降水幅度为0%~5%。

（六）谷物干燥机的性能指标

（1）干燥能力。在1小时内，经过一次干燥过程，按降低1%水分计算干燥机对原粮的处理量。

（2）小时水分蒸发量。连续式干燥机每小时蒸发的水分量。

（3）单位耗热量。从粮食中蒸发 1 千克水所消耗的热量。

（4）干燥强度。干燥机烘干段单位容积或面积的小时水分蒸发量，称干燥强度。塔式、柱式、回转、圆筒干燥机采用容积干燥强度。

二、常用干燥机械及使用与维护

（一）常用干燥机械

1. 仓内贮存式干燥机

仓内贮存式干燥机，又名干贮仓，由金属仓、透风板、抛洒器、风机、加热器、扫仓螺旋和卸粮螺旋组成，其结构如图9-4所示。在将湿谷放至干贮仓后，启动风机和加热器，不间断向仓内送入低温热风，持续运转风机，直到谷物所含水分达到要求的含水率。在谷床达到一定的厚度之前，可以不间断地向仓内加入湿谷，达到一定的谷床厚度后则停止加粮，仓内的粮食量由干贮仓的生产率和湿谷的水分确定，每一批谷物的干燥时间为12~24小时不等。

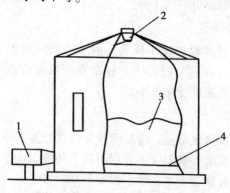

图9-4　仓内贮存干燥
1. 风机和热源 2. 抛撒器 3. 粮食 4. 透风板

2. 横流式谷物干燥机

横流干燥机为矩形断面竖箱，内有热风与冷风的配风室，两侧有两条谷物流经的通道，其下端有排粮搅龙和排粮辊。其配气室的侧壁及谷物通道的外壁均制成孔板状，以便从热配气室或冷配气室射来的气流水平穿过谷层。该机谷层较薄，干燥速度较快，可连续进料、加热、冷却、卸粮，适于大规模连续生产。横流干燥机具有结构简单、制造方便、成本低、谷物流向与热风流向垂直的特点，是目前应用较广泛的一种干燥机型。它存在以下主要问题：干燥不均匀，进风侧的谷物过干，排气侧干燥不足，易产生水分差；单位耗能较高，热能没有充分利用。

图 9-5 所示为一传统型横流式干燥机的结构，湿谷靠自身所受重力从贮粮段流至干燥段，而热空气则由热风室受迫横向穿过粮柱，在冷却段中冷风横向穿过粮层，粮柱的厚度一般为 0.25~0.45 米，干燥段粮柱高度为 3~30 米，冷却段高度为 1~10 米。

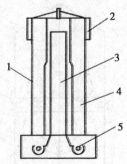

图 9-5 横流式谷物干燥机

1. 废气回收 2. 废气排出 3. 热风室 4. 排放控制室 5. 排粮螺旋

3. 顺流式干燥机

顺流式干燥机的结构为漏斗式或角状管式。该机为矩形断面的竖箱，箱内有加热段、缓苏段、冷却段及排料装置。在加

热段与冷却段设有进气管和排气管，湿粮向下流动中与由热风室供给的热空气并行向下运动，废气进入排气管排出，谷物经缓苏后进入冷却段，冷却段的冷空气由冷风机供给，冷却是属逆流冷却，谷物流到下部的排粮装置排出。顺流式干燥机具有以下特点：适合于干燥高水分粮食；干燥均匀，无水分梯度；高温介质首先与最湿、最冷的谷物接触；热风和粮食平行流动，干燥质量较好；热风与谷物同向流动；粮层较厚，粮食对气流的阻力大，分机功率较大；可以使用很高的热风温度，而不使根温过高，因此干燥速度快，单位热耗低，效率较高。

图9-6所示为一个单级顺流式干燥机，热风和谷物同向运动，干燥机内没有筛网，谷物依靠重力向下流动，谷床的厚度为0.6～0.9米，每一个单级的顺流干燥机一般均有一个热风和一个冷风机，废气直接排入大气，干燥段的风量一般为30～45立方米/（分·平方米），冷却段的风量为15～23立方米/（分·平方米），由于谷床较厚，气流阻力大，静压一般为1.8～3.8千帕。

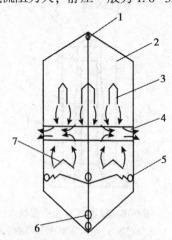

图9-6 顺流式干燥机
1. 分布螺旋 2. 湿粮 3. 热风入口 4. 废气出口
5. 转轮 6. 排粮螺旋 7. 冷风入口

4. 混流式干燥机

混流式干燥机为多层角状管结构，又称为多风道式干燥机。该机在竖箱内设有多层间隔配置的进、排气道或每层内间隔配置的进、排气道的结构，以达到由进气管进入谷层的介质经过顺、逆流及横流的形式对谷物进行加热。虽然不同形式的加热对各部分谷物的加热程度有所不同，但由于在该机竖箱内装有多层进、排气角状管，谷物在流经全箱过程中受各种形式的加热概率基本相同，故该机的谷物干燥均匀度较好，一般干燥后谷粒间的水分差不大于 0.5%。混流式干燥机适于大规模连续生产作业，我国的大型谷物干燥塔采用此种形式较多。

混流式干燥机工作时，湿谷靠自重从上而下流动。由于热风的进入与湿空气的排出的管道交替排列，层层交错，一个进气管有四个排气管等距离地包围着，反过来也是如此。湿谷粒靠自重由上而下流动时，先靠近进气管，再靠近排气管，接触的温度由高到低，各部位谷粒得到近似相同的处理，干燥均匀。由于谷物接触高温气流的时间很短，因而可用较高热风温度。而排出废气的温度低，湿度高，降低了单位能耗。

（二）常用干燥机械使用与维护

1. 使用

（1）裸足或手潮湿时，请勿操作干燥机，以免发生触电。

（2）干燥机停止运转时，让机器继续送风冷却燃烧室，以免燃烧室内的未燃瓦斯异音喷出，造成烧伤事故。遇到停电或紧急停止运转时也不要站在热风机的前面，因为燃烧室内的不燃瓦斯会产生异音喷出，造成烧伤事故，再送电时，请先做送风的干燥运转。

（3）入谷完成后，需打开热风室门板，检查是否有漏谷情形，如有漏谷，严禁干燥运转。

（4）热风室四周围的方孔严禁被异物覆盖，确保入风畅通。

2. 维护

（1）老化及过期的电线和热继电器不允许使用。

（2）为保证电线的散热，坚决避免紧固松散在地面上的电线。

（3）下班时间，装置的电路应尽可能从总开关开始进行彻底切断。

（4）要实施各部位的清扫、点检时，必须关掉主电源后进行燃烧机部位的清扫点检，请于熄火后通风 5 分钟，等燃烧机的温度下降后实施。

主要参考文献

常翠玲. 2018. 农机电气设备使用与检测 ［M］. 北京：中国农业出版社.

陈雷，赵清华. 2018. 一本书明白当好农机操作员 ［M］. 郑州：中原农民出版社.

刘进辉，刘英男. 2017. 农机使用与维修 ［M］. 北京：中国农业出版社.